W0268583

Zu diesem Buch

Dieses Buch behandelt die zur Zeit am
besten entwickelten Gebiete der Theorie
stochastischer Automaten und Akzeptoren.
Es entstand aus einer vom Verfasser ge-
haltenen Vorlesung an der Universität des
Saarlandes.

Das Buch ist zum Selbststudium und als
Textbuch gleichermaßen geeignet. Die
mathematischen Voraussetzungen sind so
gewählt, daß das Buch für Mathematik- und
Informatikstudenten des dritten und vierten
Semesters leicht zu lesen ist. Mehr als 100
Aufgaben und zahlreiche Beispiele sollen es
dem Leser ermöglichen, sich in das Gebiet
gründlich einzuarbeiten und sich mit Fragen
der aktuellen Forschung vertraut zu machen.
Da zugleich neueste Ergebnisse dargestellt
werden, kann das Buch auch modernen Stu-
dienmodellen - Projektstudium, Forschen-
des Lernen - dienen.

Stochastische Automaten

Von Dr. rer. nat. V. Claus
Universität des Saarlandes

1971. Mit 30 Bildern

B.G. Teubner Stuttgart

Dr. rer. nat. Volker Claus

1944 geboren bei Berlin. 1963 bis 1967
Studium der Chemie, Physik und Mathematik an der Universität des Saarlandes
in Saarbrücken. 1967 Diplom in Mathematik. Im Jahre 1966 Forschungstätigkeit
am Deutschen Rechenzentrum in Darm-
stadt. Von 1968 bis 1970 wissenschaftlicher Mitarbeiter am Institut für Angewandte Mathematik, Lehrstuhl Prof. Hotz,
der Universität des Saarlandes. 1970 Pro-
motion; seitdem wissenschaftlicher
Assistent. 1971 Wahl in den Vorstands-
rat der Gesellschaft für Angewandte
Mathematik und Mechanik.

ISBN 978-3-519-00006-8   ISBN 978-3-322-93058-3 (eBook)
DOI 10.1007/978-3-322-93058-3

Umschlaggestaltung: W. Koch, Stuttgart

Vorwort

Dieses Buch entstand aus einer Vorlesung, die der Autor
unter dem gleichen Titel im Wintersemester 70/71 an der
Universität des Saarlandes hielt. Während es in der Vorlesung primär um die Vermittlung der Theorie ging, treten
daneben in diesem Buch weitere Ziele.
Eines dieser Ziele besteht darin, bereits Studenten des
dritten und vierten Semesters einen Einblick in Fragen
der aktuellen Forschung zu geben. Daher werden einerseits
nur die Kenntnisse der mathematischen Grundvorlesungen
(insbesondere der linearen Algebra) sowie eine Vorstellung
der Begriffe Wahrscheinlichkeit und bedingte Wahrscheinlichkeit vorausgesetzt (weitere wünschenswerte Kenntnisse
sind im Anhang aufgeführt), und andererseits werden neben
der allgemeinen Theorie neueste Ergebnisse dargestellt.
Nach Durcharbeiten dieses Buches ist ein Student in der
Lage, Originalliteratur über stochastische Automaten zu
lesen und Forschungsprobleme zu formulieren und anzu-
greifen. Anregungen hierzu findet man außer im Text z.B.
in den Originalarbeiten [1], [5], [13], [20], [27], [43],
[49], [71].
Ein weiteres Ziel stellt die Motivierung der Theorie dar,
z.B. die Angabe konkreter Problemstellungen, die sich
durch stochastische Automaten beschreiben lassen. Daher
sind der eigentlichen Theorie Beispiele (siehe 1.2.)
vorangestellt, die dem Verständnis der Definitionen und
der Theorie dienen.
Weiterhin soll dieses Buch einmal zum Selbstudium, zum
anderen aber auch als Textbuch geeignet sein. Diesem
doppelten Ziel dienen die Literaturhinweise im Text und
die mehr als hundert Aufgaben. Für eine klare Darstellung
schien mir die in der amerikanischen Literatur übliche
Matrizenschreibweise am geeignetsten zu sein, insbesondere
da hierdurch auch auf die enge Verbundenheit zur linearen

Algebra aufmerksam gemacht wird und sich einige Phänomene
anschaulich deuten lassen (siehe 2.2.6.).

Meine Frau hat bei der Erstellung dieses Buches intensiv
mitgeholfen und mich auf einige Unkorrektheiten aufmerksam gemacht. Hierfür danke ich ihr herzlich. Herrn Pro-
fessor G. Hotz und Herrn Dr. H. Walter gilt mein Dank für
die Anregung zu diesem Buch und für die kritische Durch-
sicht des Manuskripts.

Saarbrücken, im Juli 1971

Volker Claus

Inhaltsverzeichnis

1. Einführung   1
   1.1. Einleitung   1
   1.2. Beispiele   3
       1.2.1. Zustände   3
       1.2.2. Nervennetze   5
       1.2.3. Lernmodell   9
       1.2.4. Nachrichtenübertragung   12
       1.2.5. Verkehrsregelung   14
   1.3. Stochastische Automaten   18
       1.3.1. Definitionen   18
       1.3.2. Darstellung durch Matrizen   20
       1.3.3. Äquivalenz   21

2. Reduktionen   26
   2.1. Reduzierte Automaten   26
       2.1.1. Definition   26
       2.1.2. Konstruktion reduzierter Automaten   26
       2.1.3. Entscheidbarkeit der Z-Äquivalenz   29
       2.1.4. Gegenbeispiele   30
       2.1.5. Die Matrix H_A 35
   2.2. Minimale Automaten   41
       2.2.1. Definition   41
       2.2.2. Konstruktion minimaler Automaten   42
       2.2.3. Entscheidbarkeit der Äquivalenz   49
       2.2.4. Das Beispiel von Even   52
       2.2.5. Starkreduzierte Automaten   56
       2.2.6. Geometrische Interpretation   58
   2.3. Überdeckungen (Stochastische Homomorphie)   65
       2.3.1. Definition   65
       2.3.2. Überdeckungen und stochast.Homomorphie 66
       2.3.3. Verträglichkeit mit H_A 67
       2.3.4. Zwei Probleme   69
   2.4. Homomorphismen   71
       2.4.1. Definition   71
       2.4.2. Homomorphismen und Z-Äquivalenz   73

2.4.3. Epimorph-reduzierte Automaten   76

2.4.4. Schwache Homomorphismen   82

2.5. Spezielle Automaten   84

2.5.1. Observable Automaten   84

2.5.2. Observable Erweiterungen   90

2.5.3. Z-determinierte Automaten   91

2.5.4. Y-determinierte Automaten   92

2.5.5. Determinierte Automaten   93

2.5.6. Mealy- und Moore-Automaten   96

3. Stochastische Sprachen   99

3.1. Stochastische Akzeptoren   99

3.1.1. Einleitung und Definition   99

3.1.2. Definition der stochastischen Sprachen   101

3.1.3. m-adische Akzeptoren   104

3.1.4. Normierungssätze   108

3.2. Isolierte Schnittpunkte   111

3.2.1. Definition   111

3.2.2. Der Satz von Rabin   112

3.2.3. Stabilitätsproblem und aktuelle
                              Akzeptoren   115

3.3. Verallgemeinerte Akzeptoren   119

3.3.1. Definition   119

3.3.2. Der Satz von Turakainen   120

3.3.3. Eine Charakterisierung der stocha-
                       stischen Sprachen   126

3.4. Abschlußeigenschaften   128

3.4.1. Zusammenfassung   128

3.4.2. Spiegelung   129

3.4.3. Durchschnitt und Vereinigung mit
                          regulären Mengen   129

3.4.4. Komplement   130

3.4.5. Vereinigung, Durchschnitt, Produkt,
                          Untermonoid   131

3.4.6. Homomorphismen   132

3.4.7. Aufgaben   132

3.4.8. Vergleich mit anderen Sprachhierarchien 133

3.5. Zusammenhänge mit stochastischen Automaten 135

 3.5.1. Von einem ESA darstellbare Sprachen 135

 3.5.2. Reduktionstheorie 138

4. Realisierbarkeit von Abbildungen 139

 4.1. Stochastische Operatoren 139

  4.1.1. Definition 139

  4.1.2. Realisierbarkeit unbestimmter Operatoren 140

  4.1.3. Charakterisierung finiter Realisierbark. 143

  4.1.4. Eine Rekursionsformel für finit-
realisierbare Operatoren 145

 4.2. Stochastische Ereignisse 148

  4.2.1. Definition 148

  4.2.2. Abschlußeigenschaften von S_X 149

  4.2.3. Beziehungen zu stochastischen Sprachen 154

  4.2.4. Entscheidbarkeit 156

  4.2.5. Bemerkungen 159

Anhang 1: Determinierte Automaten und Akzeptoren 161

Anhang 2: Grundlagen der Wahrscheinlichkeitstheorie 170

Bezeichnungen 176

Literaturverzeichnis 177

Sachregister 182

Kapitel 1: Einführung

1.1. Einleitung

Die Theorie stochastischer Automaten gehört zu dem sich
schnell entwickelnden Gebiet der (abstrakten) Automatentheorie. Der algebraischen Denkweise der Automatentheorie
soll hierbei die analytische Denkweise der Wahrscheinlichkeitstheorie an die Seite gestellt werden. Dies ist aber
bisher nur unvollständig geschehen: die Theorie der stochastischen Automaten kommt nach ihrem heutigen Stand mit
einem Minimum an Wahrscheinlichkeitstheorie aus. Dies liegt
zum einen daran, daß sich die Theorie fast ausschließlich
mit diskreten Strukturen beschäftigt, und zum anderen daran, daß man nur selten Eingabeprozesse und ihre Verände-
rung durch die Automaten bzw. die Konstruktion von Automaten nach mit Eingabeprozessen zusammenhängenden Kriterien
(z.B. Minimalisierung von Warteschlangen) untersucht hat.
In der Automatentheorie geht es nicht darum, ganz spezielle
praktische Probleme zu lösen, sondern man sucht primär
nach Erkenntnissen über Klassen von Problemen. Diese
Theorie wird also aus dem Bestreben heraus betrieben, allgemeine Strukturen zu erkennen und die prinzipiellen Mög-
lichkeiten der Klassen von Automaten zu charakterisieren.
In diesem Sinne gehört die Automatentheorie zur "reinen
Mathematik der Informatik" ([3]). In der reinen Mathematik vergißt man oft die ursprüngliche Motivierung der Theorien; insbesondere trifft dies auf etablierte Zweige der
Mathematik zu. Hierdurch wird der Mathematik ein beleben-
des Element genommen, und Ziel und Interpretation der
Theorien bleiben dem Nicht-Fachmann unverständlich. Obwohl
die Automatentheorie sehr jung ist und zu ihrer Durch-
setzung und Anerkennung die ausführliche Begründung ihrer
Forschungsgegenstände benötigt, ist auch bei ihr bereits
dieser Trend zu sehen: die ursprüngliche Motivierung der

Theorie wird höchstens kurz erwähnt, und man wendet sich
sofort der abstrakten Theorie zu. Auch unser Buch wird
diesem Trend aus Platzgründen zum Teil folgen müssen. Wir
werden jedoch an einigen Beispielen ausführlich zeigen, wie
man von praktischen Problemen zu stochastischen Automaten
gelangt, und werden im Text durch Aufgaben mehrmals auf die
Motivierung der Theorie verweisen.
Die Theorie diskreter stochastischer Systeme wurde durch
Arbeiten von Shannon ([58],[59]) und von v.Neumann ([42])
angeregt. Shannon untersuchte gedächtnisfreie Übertragungs-
kanäle und Verallgemeinerungen durch Einführung von Zuständen, v.Neumann befaßte sich mit der Frage, warum so
fehlerhaft arbeitende Einzelsysteme wie Nervenzellen in
ihrer Gesamtheit doch recht zuverlässig sind. Nach der
grundlegenden Arbeit von Rabin und Scott ([52]) über determinierte Automaten lagen zwei Verallgemeinerungen sehr
nahe: (1) Ersetzen der Überführungsfunktion durch Wahrscheinlichkeitsverteilungen und (2) Verallgemeinerung der
regulären Mengen durch Einführung stochastischer Akzeptoren.
(1) wurde von Carlyle ([9]) und unabhängig davon, aber
später von Bucharajew ([7]) und Starke ([62]) untersucht.
Die Theorie nach (2) geht auf Rabin ([51]) zurück. Mittler-
weile ist die Theorie sehr stark entwickelt worden, und
ihre Erkenntnisse werden Auswirkungen auf Informatik, Wirt-
schaftswissenschaft, Lerntheorie, Informationstheorie,
Diffusionsprozesse, Biologie (Nervennetze), Systemtheorie
usw. haben. Von einer echten praktischen Anwendung ist man
aber noch weit entfernt: zur Zeit liefert die Theorie allgemeine Erkenntnisse, aber kaum verwertbare Algorithmen.

1.2. Beispiele

1.2.1. Zustände

Erfahrungsgemäß stellt der für die Theorie zentrale Begriff
des Zustands eines Systems für den Anfänger eine Schwierig-
keit dar. Jede Menge, durch die ein System vollständig beschrieben ist, ist eine Zustandsmenge des Systems; jede
vollständige Beschreibung des Systems zu einem Zeitpunkt
ist ein Zustand.

Dies soll an einem Beispiel erläutert werden. Unser System
sei eine Verkehrsampel. Diese besitzt drei Lampen, die "an"
oder "aus" sein können. Gibt man für jede der drei Lampen
an, ob sie gerade an oder aus ist, so hat man eine vollständige Beschreibung des Systems zu einem Zeitpunkt. Die
Zustandsmenge der Verkehrsampel ist daher $\{(x,y,z)\,|\,x,y,z \in$
$\{an,\ aus\}\}$, wobei x die rote, y die gelbe und z die grüne
Lampe bezeichnen.Die Verkehrsampel besitzt also 8 Zustände.
Für die Verkehrsregelung kommt man jedoch mit 4 Zuständen
aus, nämlich (an, aus, aus), (an, an, aus), (aus, aus, an)
und (aus, an, aus). Wird ein anderer Zustand angenommen,
dann arbeitet die Ampel entweder fehlerhaft oder sie ist
ausgeschaltet.

Man kann nun umgekehrt vorgehen und fordern: für die Verkehrsregelung benötige ich ein System, das vier Zustände
annehmen kann. Hierzu kann man ein System verwenden mit zwei
Lampen

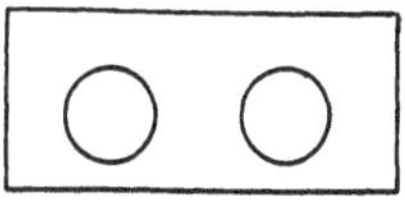

Fig.1

die Zustandsmenge ist $\{(x,y)\,|\,x,y \in \{an,\ aus\}\}$, wobei x die
linke und y die rechte Lampe bezeichnet. Man könnte dann
sagen: (an, aus) entspricht dem Zustand (an, aus, aus) der
Verkehrsampel, (an, an) dem (an, an, aus), (aus, an) dem
(aus, aus, an) und (aus, aus) dem (aus, an, aus). Der Nach-
teil hierbei ist, daß man nicht erkennen kann, ob dieses

Zwei-Lampen-System fehlerhaft arbeitet. Als ein anderes
System, das vier Zustände ännehmen kann, betrachte man
folgendes System mit einem rotierenden Zeiger:

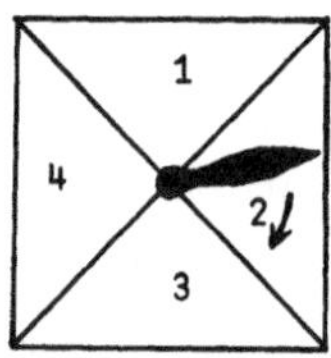

Fig.2

Die Zustände dieses Systems seien 1,2,3 und 4, und das
System ist im Zustand i, falls der Zeiger sich im Feld i
befindet. Auch dieses System wäre somit zur Verkehrsregelung geeignet.
Die Einführung von Zuständen hat den Vorteil, daß man Untersuchungen durchführen kann unabhängig davon, wie die
technische Realisierung der abstrakten Modelle aussieht.
Hierdurch kann man sich auf die Zustände beschränken, die
wirklich interessant sind. Zum Beispiel könnte man als
Zustand des Zeiger-Modells auch den Winkel (im Bogenmaß)
nehmen, den der Zeiger mit der Horizontalen bildet, d.h.
man könnte als Zustandsmenge das reelle halboffene Intervall von 0 bis 2π nehmen. Diese Zustandsmenge ist zur Beschreibung des Systems "Verkehrsregelung" jedoch ungeeignet.
Je nach dem Zweck kann man einem technischen System verschiedene Zustandsmengen zuordnen. Dient eine Uhr nur einer
groben Zeitbestimmung, so genügt als Zustandsmenge die
Menge $\{(x,y)\,|\,x \in \{0,\ldots,11\},\ y \in \{0,1,2,3\}\}$, wobei x die
Stunde angibt und y die Viertelstunden kennzeichnet;man
benötigt hier nur 48 Zustände. Will man eine genauere Zeit-
bestimmung erreichen, dann wählt man $\{(x,y)\,|\,x \in \{0,\ldots,11\},$
$y \in \{0,\ldots,59\}\}$ als Zustandsmenge,wobei x die Stunden und
y die Minuten anzeigt; das System ist nun komplizierter
geworden und besitzt 720 Zustände. Auch technisch ist das

genauere System aufwendiger: man benötigt zwei Zeiger bei
dieser Uhr, während man bei der groben Zeitmessung mit einem
Zeiger auskommt.
Der Leser möge sich überlegen, welche Zustandsmenge man einem Schachspiel oder Skatspiel zuordnen, welche Zustände
ein Fahrstuhl annehmen oder das Wasserstoffatom besitzen
kann.

1.2.2. Nervennetze

Nervenzellen sind durch excitatorische (=anregende) und
inhibitorische (=hemmende) Leitungen miteinander verbunden.
Die Eingabemenge einer Zelle bestehe aus den beiden Symbolen 0 (= es kommt kein Impuls) und 1 (= es kommt ein Impuls). Die Ausgabemenge ist gleich der Eingabemenge. Jede
Zelle möge zwei Zustände 0 und 1 annehmen können und einen
Schwellenwert besitzen. Bleibt die Summe der excitatorischen
minus der Summe der inhibitorischen Eingaben unter dem
Schwellenwert, so wird der Zustand der Zelle auf 0, anderen-
falls auf 1 gesetzt. Ist die Zelle im Zustand 0, so wird
auch eine 0 ausgegeben, ist sie im Zustand 1, so ist auch
die Ausgabe 1.
Wir betrachten folgendes Beispiel:

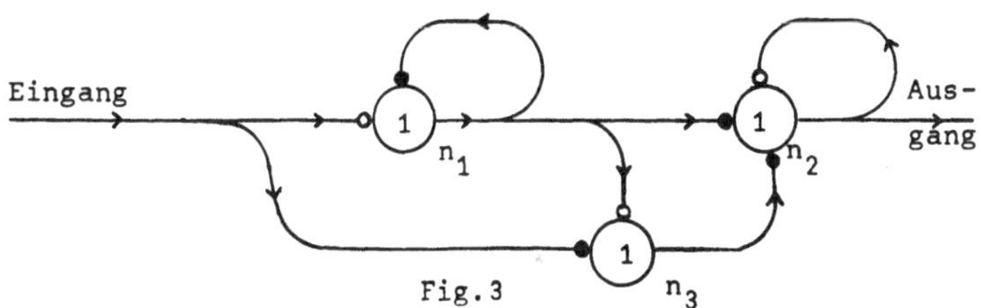

Fig.3

Eine excitatorische Leitung ist mit ——→● , eine inhibi-
torische mit ——→○ bezeichnet worden. In den Zellen n_1,
n_2, n_3 stehen die Schwellenwerte, die hier alle 1 sind.
Jede Zelle kann im Zustand 0 oder 1 sein. Ein Zustand des
Gesamtsystems ist also ein Tripel (x_1,x_2,x_3), wobei x_i den
Zustand der Zelle n_i angibt (i=1,2,3). Wir erhalten also 8

Zustände des gesamten Systems. Befindet sich das System z.B. im Zustand (1,1,1) und wird am Eingang eine 0 eingegeben, dann bleibt n_1 im Zustand 1, da n_1 eine 1 ausgibt, die excitatorisch auf n_1 wieder wirkt (Rückkopplung), und da der inhibitorische Eingang bei n_1 nicht angeregt wird; weiter geht n_3 in den Zustand 0, da n_1 eine 1 liefert, die inhibitorisch auf n_3 wirkt, während am excitatorischen Eingang eine 0 anliegt; n_2 schließlich bleibt im Zustand 1, weil an dem inhibitorischen Eingang und an den beiden excitatorischen Eingängen von n_2 je eine 1 anliegen und die Summe der excitatorischen minus der Summe der inhibitorischen Eingaben somit $2-1=1$ beträgt, also den Schwellenwert von n_2 erreicht. Das gesamte System gibt stets den anfänglichen Zustand von n_2 aus, in diesem Fall also eine 1. Wird folglich beim Zustand (1,1,1) in das System eine 0 eingegeben, so geht das System in den Zustand (1,1,0) über und gibt eine 1 aus.

Analog hierzu kann man folgende Tabellen berechnen, die das Gesamtsystem in seiner Wirkungsweise charakterisieren.

	Zustand			Folgezustand			Ausgabe
Eingabe 0:	n_1	n_2	n_3	n_1	n_2	n_3	
	0	0	0	0	0	0	0
	0	0	1	0	1	0	0
	0	1	0	0	0	0	1
	0	1	1	0	0	0	1
	1	0	0	1	1	0	0
	1	0	1	1	1	0	0
	1	1	0	1	0	0	1
	1	1	1	1	1	0	1
Eingabe 1:	0	0	0	0	0	1	0
	0	0	1	0	1	1	0
	0	1	0	0	0	1	1
	0	1	1	0	0	1	1

1	0	0	0	1	0	0
1	0	1	0	1	0	0
1	1	0	0	0	0	1
1	1	1	0	1	0	1

Offensichtlich sind dies genau die Überführungs- und Ausgabetabellen eines determinierten Automaten (siehe Anhang). Ein Nervennetz arbeitet im allgemeinen fehlerhaft. Wir wollen daher beispielsweise annehmen, daß nur in 90% der Fälle eine 0 und nur in 80% der Fälle eine 1 wirklich weitergeleitet werden, d.h. wenn in eine Leitung eine 1 eingegeben wird, dann kommt nur mit der Wahrscheinlichkeit 0.8 eine 1 am Ende der Leitung an, mit der Wahrscheinlichkeit 0.2 dagegen eine 0; liegt andererseits eine 0 an, so erscheint eine 0 am Ende nur mit der Wahrscheinlichkeit 0.9 und eine 1 mit der Wahrscheinlichkeit 0.1. Dies gelte für jede Leitung im System. Das System kann nun von einem Zustand in einen anderen nur noch mit einer gewissen Wahrscheinlichkeit gelangen. Wir nehmen an, das System befindet sich im Zustand $(0,0,0)$, und es wird eine 1 eingegeben. Dann geht n_1 mit der Wahrscheinlichkeit $p(\text{inh.}=0) \cdot p(\text{exc.}=1) = 0.2 \cdot 0.1 = 0.02$ in den Zustand 1; denn in allen anderen Fällen bleibt n_1 im Zustand 0. Hierbei bezeichnet $p(\text{inh.}=0)$ die Wahrscheinlichkeit, daß am inhibitorischen Eingang (von n_1) eine 0 erscheint; analog $p(\text{exc.}=1)$. Es bezeichne exc_1 und exc_3 die excitatorischen Eingänge von n_2, die mit n_1, bzw. n_3 verbunden sind. Dann geht n_2 in den Zustand 1, falls einer der folgenden vier Fälle gilt:

$$\text{inh.}=0 \quad \text{und} \quad \text{exc}_1=1 \quad \text{und} \quad \text{exc}_3=1$$
$$\text{oder} \quad \text{inh.}=0 \quad \text{und} \quad \text{exc}_1=0 \quad \text{und} \quad \text{exc}_3=1$$
$$\text{oder} \quad \text{inh.}=0 \quad \text{und} \quad \text{exc}_1=1 \quad \text{und} \quad \text{exc}_3=0$$
$$\text{oder} \quad \text{inh.}=1 \quad \text{und} \quad \text{exc}_1=1 \quad \text{und} \quad \text{exc}_3=1 \;.$$

Nehmen wir an, daß diese Ereignisse unabhängig voneinander sind, dann erhält man als Wahrscheinlichkeit, daß n_2 in den Zustand 1 geht:

$$p(inh.=0) \cdot p(exc_1=1) \cdot p(exc_3=1) + p(inh.=0) \cdot p(exc_1=0) \cdot p(exc_3=1)$$
$$+ p(inh.=0) \cdot p(exc_1=1) \cdot p(exc_3=0)$$
$$+ p(inh.=1) \cdot p(exc_1=1) \cdot p(exc_3=1)$$
$$= 0.9 \cdot (0.1 \cdot 0.1 + 0.9 \cdot 0.1 + 0.1 \cdot 0.9) + 0.1 \cdot 0.1 \cdot 0.1 = 0.172.$$

n_3 geht mit der Wahrscheinlichkeit

$$p(inh.=0) \cdot p(exc.=1) = 0.9 \cdot 0.8 = 0.72 \quad \text{in den Zustand 1.}$$

Wenn das Geschehen in den drei Zellen unabhängig voneinander
verläuft, dann geht das System vom Zustand $(0,0,0)$ bei der
Eingabe 1 mit der Wahrscheinlichkeit $0.02 \cdot 0.172 \cdot 0.72$
(etwa 1/400) in den Zustand $(1,1,1)$, mit der Wahrscheinlichkeit $(1-0.02) \cdot (1-0.172) \cdot 0.72$ in den Zustand $(0,0,1)$ usw.
Bei der Berechnung der Ausgabe berücksichtige man, daß eine
1 ausgegeben wird, falls inh.=1 bei n_2 gilt, und sonst
eine 0. Die Wahrscheinlichkeit, daß eine 1 ausgegeben wird
unter der Voraussetzung, daß man vom Zustand $(0,0,0)$ in
$(1,1,1)$ gelangte, errechnet sich aus der Wahrscheinlichkeit,
daß unter den vier Fällen, die bei n_2 möglich sind, gerade
der vierte Fall eintritt, d.h.

$$\frac{p(inh.=1) \cdot p(exc_1=1) \cdot p(exc_3=1)}{0.172} = \frac{0.001}{0.172} = \frac{1}{172} \quad .$$

Wie erhalten also: die Wahrscheinlichkeit, daß das System
bei Eingabe von 1 vom Zustand $(0,0,0)$ in den Zustand
$(1,1,1)$ übergeht und dabei eine 1 ausgibt, ist
$0.02 \cdot 0.172 \cdot 0.72/172 = 0.000\ 014\ 4$, die Wahrscheinlichkeit,
daß bei diesem Übergang anstelle der 1 eine 0 ausgegeben
wird, ist $0.02 \cdot 0.172 \cdot 0.72 \cdot (1 - 1/172) = 0.002\ 462\ 4$.
Analog kann man sich alle bedingten Wahrscheinlichkeiten
der Form $p(y,z'|x,z)$ berechnen; das sind die Wahrscheinlich-
keiten, bei Eingabe von x vom Zustand z in den Zustand z'
zu gelangen und dabei y auszugeben. Diese bedingten Wahrscheinlichkeiten charakterisieren die Wirkungsweise des
nun stochastischen Systems vollständig.

Aufgaben

1) Man untersuche den durch die Tabellen gegebenen determinierten Automaten und reduziere ihn (siehe Anhang).
2) Man berechne die Wahrscheinlichkeit dafür, daß das
   stochastische System bei Eingabe von 1 im Zustand
   (0,0,0) genau so reagiert wie das zuvor behandelte
   determinierte System.

<u>Bemerkung</u>: Anstelle eines Nervennetzes hätte man auch die
interne Struktur einer elektronischen Datenverarbeitungs-
anlage verwenden können. Allerdings sind dort die Fehlerwahrscheinlichkeiten bei Übertragungen von Daten äußerst
gering (aber nicht Null).

1.2.3. Lernmodell

Wir betrachten folgendes Experiment:

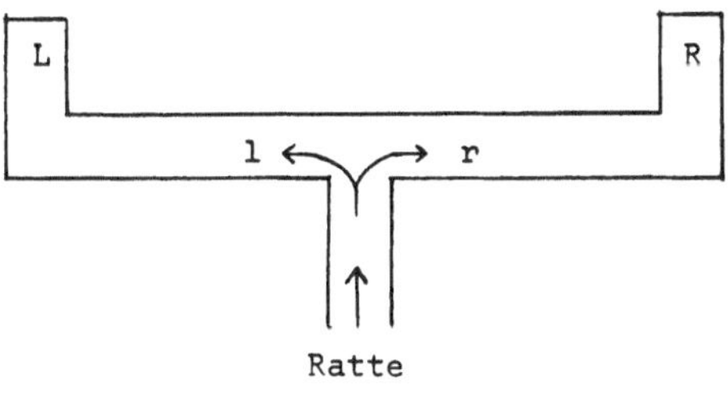

Fig.4

Bei L oder bei R wird das Futter für eine Ratte hingestellt,
die dieses Futter suchen soll. Dabei muß die Ratte sich
an einer Stelle dafür entscheiden, nach rechts (r) oder
nach links (l) zu gehen (siehe Fig.4). Wir nehmen an, die
Ratte lernt schrittweise aus ihren Entscheidungen. Hierfür
eignet sich folgendes Modell: die Ratte möge die 2N+1 Zu-
stände $z_{-N}, z_{-N+1}, \ldots, z_0, \ldots, z_N$ (für ein festes $N \in \mathbb{N}$) annehmen können. Die Wahrscheinlichkeit, sich am Verzweigungs-
punkt für r oder l zu entscheiden, möge nur vom Zustand z_i

abhängen, in dem die Ratte gerade ist, und zwar sei die
entsprechende Wahrscheinlichkeit

$$f(r|z_i) = \frac{1}{2} + \frac{i}{M} \qquad \text{für } i = -N,\ldots,N \quad \text{und ein}$$

$$f(l|z_i) = \frac{1}{2} - \frac{i}{M} \qquad \text{festes } M \geq 2N.$$

Wenn die Ratte in z_N ist, erwartet sie mit größter Wahrscheinlichkeit, daß ihr Futter rechts (bei R) steht. Abhängig davon, ob die getroffene Entscheidung y richtig war,
kann die Ratte ihren Zustand z_i ändern, und zwar mit der
Wahrscheinlichkeit b geht sie in den Zustand z_{i+1} oder
z_{i-1}, falls die Entscheidung richtig war, und mit der Wahrscheinlichkeit a geht sie in z_{i+1} oder z_{i-1}, falls diese
falsch war. Die Zustände z_N und z_{-N} müssen gesondert berücksichtigt werden. Man erhält so ein bedingtes Wahrscheinlichkeitsmaß g, daß vom gegenwärtigen Zustand z_i, von der
Entscheidung y und davon abhängt, ob das Futter bei R oder
L steht (ob x=R oder x=L ist):

$$g(z_j|x,y,z_i) = \begin{cases}
0 & \text{falls } j \neq i-1, i, i+1 \\
1 & x=R, i=j=N \\
1 & x=L, i=j=-N \\
a & x=R, y=l, j=i+1, i \neq N \\
a & x=L, y=r, j=i-1, i \neq -N \\
1-a & x=R, y=r, j=i, i \neq N \\
1-a & x=L, y=l, j=i, i \neq -N \\
b & x=R, y=r, j=i+1, i \neq N \\
b & x=L, y=l, j=i-1, i \neq -N \\
1-b & x=R, y=r, j=i, i \neq N \\
1-b & x=L, y=l, j=i, i \neq -N
\end{cases}$$

Wir betrachten die Ratte nun als ein System, in das Symbole $x \in \{R,L\}$ eingegeben werden (nämlich die Angabe, ob
das Futter bei R oder L steht), das Symbole $y \in \{r,l\}$
ausgibt (nämlich die Entscheidungen der Ratte) und das die
Zustandsmenge $\{z_{-N},\ldots,z_N\}$ besitzt. Es sei
$$p(y,z_j|x,z_i) := f(y|z_i) \cdot g(z_j|x,y,z_i) \quad (\text{für alle } i,j =$$

$-N,\ldots,+N$, $y \in \{r,l\}$, $x \in \{R,L\}$) die Wahrscheinlichkeit
dafür, daß die Ratte bei Eingabe von x vom Zustand z_i in
den Zustand z_j wechselt, wobei die Entscheidung y getroffen
wird. Im Laufe des Experiments entscheidet sich die Ratte
im nächsten Schritt auf Grund der Erfahrungen der vorange-
gangenen Schritte, die sie sich im jeweiligen Zustand in
gewissem Umfang merken kann. Sind a und b von Null verschieden und wird immer nur x=R eingegeben, so erhält man
einen endlichen Erwartungswert dafür, daß sich die Ratte
nach dieser endlichen Zeit im Zustand z_N befindet: die
Ratte hat gelernt. Durch Variation der Eingabe kann man
sie wieder umdressieren.
Für den Psychologen werden die Werte a,b,N und M interessant
sein und deren Abhängigkeit vom Alter der Ratte und der
Dauer und Häufigkeit des Umdressierens, sofern obiges Modell das Experiment überhaupt adäquat beschreibt.
Während wir hier die Ratte zu einem stochastischen Automaten
(siehe 1.3.) abstrahiert haben, führt folgende Überlegung
zum Begriff der stochastischen Sprachen. Hierzu sei
$X = \{R,L\}$ und X^* das freie Monoid über X (siehe Anhang 1).
Dann betrachte man für ein $w \in X^*$ mit $w = x_1 \ldots x_m$ ($x_i \in X$
für $i = 1,\ldots,m$) die Wahrscheinlichkeit $p_{oN}(w)$ dafür, daß
die Ratte bei dem Experiment w vom Zustand z_o irgendwie
in den Zustand z_N gelangen kann, d.h. als Eingabe werden
nacheinander $x_1, x_2, \ldots, x_m$ gewählt, und wenn man sich nicht
für die Entscheidungen der Ratte interessiert, dann kann
mandie Wahrscheinlichkeit für den Übergang von z_o in z_N
bei diesem Experiment angeben. Für eine Zahl $0 \leq \lambda < 1$ definiere
man die Menge $\mathcal{L}(\lambda) = \{w \in X^* \mid p_{oN}(w) > \lambda\}$. Dies ist gerade
die Menge der Experimente w, die mit einer Wahrscheinlich-
keit größer als λ erwarten lassen, daß die Ratte im Experiment w lernt, ihr Futter rechts zu suchen. Diese Mengen
können daher als eine Charakterisierung des Lernerfolges
gedeutet werden. Es erhebt sich die Frage, ob man diese
Mengen in einfacher Weise darstellen kann, z.B. mit Hilfe

determinierter Automaten. Zur Diskussion dieser sogenannten
stochastischen Sprachen $\mathcal{L}(\lambda)$ siehe Kapitel 3.
<u>Aufgabe:</u> Man setze in dem obigen Modell N=5, M=2N=10,
a=b=1. Man überlege sich, wie man das so erhaltene determinierte Modell als determinierten Automaten darstellen
kann, und man gebe hierfür explizit die Menge $\mathcal{L}(\frac{1}{2})$ an.

1.2.4. Nachrichtenübertragung

Wir betrachten folgendes Modell

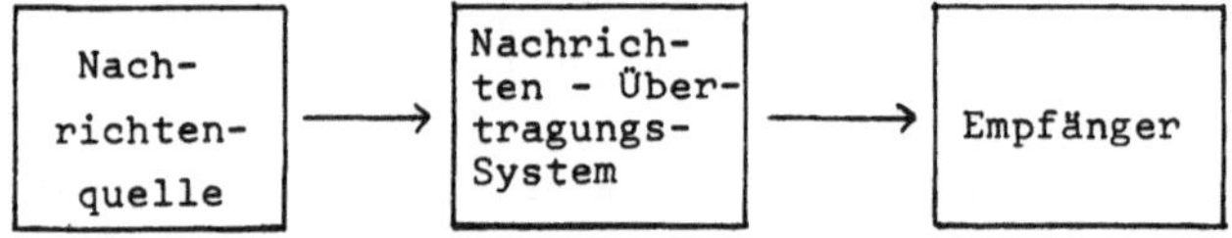

Fig.5

und interessieren uns hier nur für das Übertragungssystem.
Ist z.B. die Nachrichtenquelle ein Rundfunksprecher, dann
kann man Rundfunksender, Atmosphäre (in der sich die Wellen
ausbreiten) und Radiogerät als Übertragungssystem auffassen;
in diesem System findet eine Kodierung, eine Übertragung
und eine Dekodierung statt. Nehmen wir an, daß die Kodierung
und Dekodierung jeweils mit Hilfe eines determinierten
Automaten erfolgen kann (vgl. z.B. das Modell in [29],
Seite 192ff.), so erhält man folgendes System

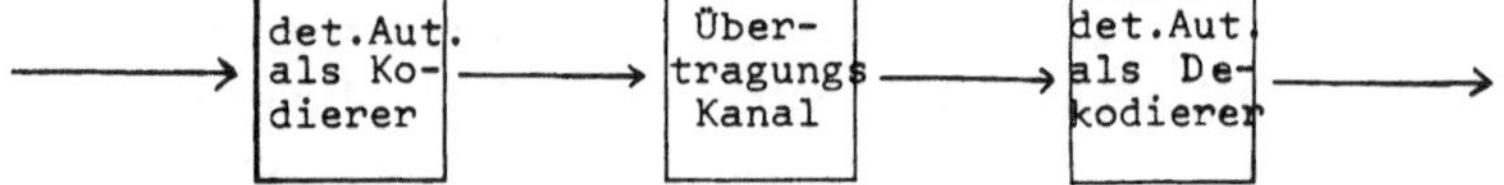

Fig.6

Arbeiten alle Einzelsysteme determiniert, dann kann man
das gesamte Übertragungssystem als einen determinierten
Automaten auffassen, dessen Zustandsmenge das kartesische
Produkt der Zustandsmengen der Einzelsysteme ist. Die Einzelsysteme arbeiten im allgemeinen nicht fehlerfrei, wodurch man jedes Einzelsystem und damit auch das gesamte
Modell als stochastischen Automaten (siehe 1.3.) darstellen

kann. Die charakterisierenden Größen sind wie in 1.2.2.
und 1.2.3. die bedingten Wahrscheinlichkeiten $p(y,z'|x,z)$.

<u>Aufgabe:</u> Wir betrachten obiges Modell. Als Eingabemenge
wähle man stets $X=\{x_1,x_2\}$, die zugleich Ausgabemenge ist.
Der Kodierer sei durch folgenden Automaten $A_1=(X,X,Z_1,\delta_1,\lambda_1)$
mit $Z_1=\{z_1,z_2\}$ und

δ_1	z_1	z_2
x_1	z_2	z_1
x_2	z_1	z_2

λ_1	z_1	z_2
x_1	x_2	x_1
x_2	x_1	x_2

definiert.

Als Übertragungskanal wählen wir den trivialen Automaten
$A_2=(X,X,\{\zeta\},\delta_2,\lambda_2)$ mit $\delta_2(x_i,\zeta)=\zeta$ und $\lambda_2(x_i,\zeta)=x_i$ für
$i=1,2$, und als Dekodierer schließlich den Automaten
$A_3=(X,X,Z_3,\delta_3,\lambda_3)$ mit $Z_3=\{z_1',z_2'\}$ und

δ_3	z_1'	z_2'
x_1	z_1'	z_1'
x_2	z_2'	z_2'

λ_3	z_1'	z_2'
x_1	x_2	x_1
x_2	x_1	x_2

Man konstruiere den Automaten $A=(X,X,Z_1\times\{\zeta\}\times Z_3,\delta,\lambda)$, der
das Gesamtsystem beschreibt (vgl. Anhang 1, Seite 165).

a) Man zeige: $\lambda(w,(z_1,\zeta,z_1'))=w$ für alle $w \in X^*$, d.h.
   A angesetzt im Zustand (z_1,ζ,z_1') realisiert die Identität
   auf X^*.

b) Man prüfe, ob A_1 und A_3 äquivalent sind (siehe Anhang 1,
   Seite 162).

c) Man wandle nun A zu einem stochastischen Automaten um,
   indem man A_1 und A_3 unverändert läßt, aber den Übertragungskanal A_2 durch folgende Fehlerwahrscheinlichkeiten
   beschreibt:
   $p(x_1,\zeta|x_1,\zeta)=3/4$, $p(x_2,\zeta|x_1,\zeta)=1/4$, $p(x_1,\zeta|x_2,\zeta)=1/4$,
   $p(x_2,\zeta|x_2,\zeta)=3/4$,
   d.h. jedes Zeichen $x \in X$ wird nur noch mit der Wahr-

scheinlichkeit 3/4 richtig vom Kanal übertragen. Man berechne nun die bedingten Wahrscheinlichkeiten
$p(x',z'|x,z)$ für alle $x,x' \in X$, $z,z' \in Z_1 \times \{\zeta\} \times Z_3$,
durch die das stochastische Gesamtsystem beschrieben wird.

1.2.5. Verkehrsregelung und Warteschlangen bei Rechenanlagen

Wir betrachten eine Straßenkreuzung mit 4 Verkehrsampeln:

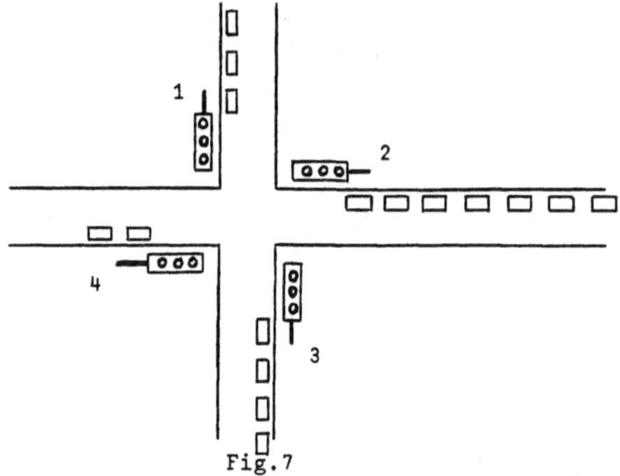

Fig.7

Als Zustandsmenge für dieses System verwenden wir $\mathbb{N}_0^4$, wobei $(m_1,m_2,m_3,m_4) \in \mathbb{N}_0^4$ bedeutet, daß vor der Ampel i genau m_i Autos warten (i=1,2,3,4). In Fig.7 ist der Zustand (3,7,4,2) angegeben. Als Eingabemenge wählen wir $\mathbb{N} \times \{0,1\}$, wobei das Eingabesymbol (i,0) angibt, daß die Ampeln 2 und 4 i Zeiteinheiten auf Grün geschaltet sind (und die beiden anderen Ampeln ebenso lange auf Rot), während (i,1) besagt, daß die Ampeln 1 und 3 i Zeiteinheiten grün sind. Das System sei im Zustand (m_1,m_2,m_3,m_4), und es werde (i,0) eingegeben, dann berechnet sich die Wahrscheinlichkeit dafür, daß der Zustand (m_1',m_2',m_3',m_4') angenommen wird, folgendermaßen: an allen vier Ampeln findet unabhängig voneinander ein Ankunftsprozeß statt; die stochastische Variable X(t) möge die Wahrscheinlichkeit für die Anzahl ankommender Autos während t

Zeiteinheiten angeben und die stochastische Variable $Y(t)$
die Anzahl Autos, die in t Zeiteinheiten die Kreuzung passie-
ren ($t \varepsilon \mathbb{N}$). Bei der Eingabe $(i,0)$ müssen die Autos vor den
Ampeln 1 und 3 warten; wir erhalten daher die Wahrschein-
lichkeiten dafür, daß $m_1' = m_1 + x_1$ und $m_3' = m_3 + x_3$ $(x_1, x_3 \geq 0)$
sind, aus der Verteilung $X(i)$, d.h.
$$p(m_1' = m_1 + x_1) = p(X(i) = x_1),$$
$$p(m_3' = m_3 + x_3) = p(X(i) = x_3).$$
Die Vorgänge an den Ampeln 2 und 4 hängen dagegen von
X und von Y ab. Wir nehmen an, daß diese Variablen stochastisch unabhängig sind, und erhalten:
$$p(m_2' = m_2 + c_2) = \sum_{x_2 - y_2 = c_2} p(m_2' = m_2 + x_2 - y_2)$$
$$= \sum_{x_2 - y_2 = c_2} p(X(i) = x_2) \cdot p(Y(i) = y_2)$$

falls $m_2' \neq 0$ ist, und
$$p(m_2' = 0) = \sum_{x_2 - y_2 \leq -m_2} p(X(i) = x_2) \cdot p(Y(i) = y_2),$$

da im Fall $m_2' = 0$ theoretisch auch zu berücksichtigen ist,
daß wesentlich mehr Autos die Straße passieren als ankommen
und warten. Analog ergibt sich:
$$p(m_4' = m_4 + c_4) = \sum_{x_4 - y_4 = c_4} p(X(i) = x_4) \cdot p(Y(i) = y_4)$$

für $m_4' \neq 0$ und die zu oben analoge Formel für $m_4' = 0$.
Da wir angenommen haben, daß das Geschehen an den vier Ampeln unabhängig voneinander verläuft, erhalten wir schließlich folgende bedingte Wahrscheinlichkeiten, die das Verkehrsmodell vollständig charakterisieren:
$$p(m_1', m_2', m_3', m_4') \mid (i,0), (m_1, m_2, m_3, m_4))$$
$$= p(X(i) = m_1' - m_1) \cdot p(X(i) = m_3' - m_3) \cdot$$
$$\left(\sum_{m_2' - m_2 = x_2 - y_2} p(X(i) = x_2) \cdot p(Y(i) = y_2) \right) \cdot$$
$$\left(\sum_{m_4' - m_4 = x_4 - y_4} p(X(i) = x_4) \cdot p(Y(i) = y_4) \right) \cdot$$

(Im Fall $m_2' = 0$ oder $m_4' = 0$ ist diese Formel in offensichtlicher Weise, wie oben angegeben, abzuändern.) Unser System
wird zu einem stochastischen Automaten, wenn wir noch eine
Ausgabe definieren. Wir setzen die Ausgabemenge gleich der
Zustandsmenge, und es möge stets der Zustand ausgegeben werden, in den das System gerade übergeht (determinierte Ausgabe).

Dieses Modell eignet sich sehr gut, um Experimente zu machen.
Man kann zum Beispiel versuchen, die Folge von Eingabesymbolen so auszuwählen, daß das Maximum über die mittleren
Wartezeiten an den einzelnen Ampeln minimal ist. Oder man
wählt die Folgen von Eingabesymbolen möglichst so, daß
"nur sehr selten" ein Zustand (m_1,m_2,m_3,m_4) mit $m_j \geq 50$
(für ein j) oder größer gleich einer sonstigen Konstanten
erreicht wird. Auch für die Praxis könnte dieses Modell
sehr interessant sein: man bestimme die Verteilungen von
X und Y empirisch und simuliere dann den Vorgang auf einer
Rechenanlage; auf diese Weise ließen sich eventuell die
Ampeln so bedienen, daß die Wartezeiten der Autos geringer
würden. Allerdings wird man hier anstelle von X zweckmäßiger-
weise vier stochastische Variable $X_1,\ldots,X_4$ einführen.
Indem man X und Y noch von den Richtungen (aus denen die
Autos kommen) abhängig macht, läßt sich obiges Modell sofort
auf moderne Rechenanlagen übertragen: mehrere Arbeitseinheiten warten auf Bearbeitung durch die Zentraleinheit,
die aber immer nur eine Arbeitseinheit bedienen kann. Ziel
eines Betriebssystems der Rechenanlage muß es sein,
die Warteschlangen an den Arbeitseinheiten möglichst klein
zu halten.

<u>Aufgaben</u>: Für $t \in \mathbb{N}$ sei F_t folgende Verteilungsfunktion

$$F_t(x) = \begin{cases} 0 & \text{falls } x < t \\ 1 & \text{falls } x \geq t. \end{cases}$$

Wir nehmen an, X(t) habe die Verteilungsfunktion F_t, d.h.
in t Zeiteinheiten kommen genau t Autos an.

a) $Y(t)$ möge die Verteilungsfunktion F_{3t} besitzen. Dann
   ist unser Verkehrsmodell ein determinierter Automat mit
   unendlicher Zustandsmenge (Begründung?). Man charakteri-
   siere die Menge aller Eingabefolgen $w \in (\mathbb{N} \cup \{0,1\})^*$, so
   daß der Zustand $(0,0,0,0)$ durch w nur in einen Zustand
   (m_1,m_2,m_3,m_4) mit $m_i \leq 5$ $(i=1,2,3,4)$ überführt werden
   kann.

b) $Y(t)$ möge die Verteilungsfunktion $\frac{1}{2}(F_{2t} + F_{3t})$ besitzen.
   Man untersuche das so entstandene stochastische System.
   Man gebe Experimente $w \in (\mathbb{N} \cup \{0,1\})^*$ an, so daß das
   System vom Zustand $(0,0,0,0)$ bei Eingabe von w mit der
   Wahrscheinlichkeit 1 keinen Zustand (m_1,m_2,m_3,m_4) mit
   $m_i \leq 5$ (für ein $i=1,2,3,4$) annimmt. Man suche weiterhin
   Experimente, so daß dieses Ereignis die Wahrscheinlich-
   keit 0 besitzt.

<u>Bemerkung 1</u>: Wir haben als Zustandsmenge $\mathbb{N}_o^4$ gewählt. Be-
schränken wir uns auf Warteschlangen, deren Länge höchstens
N ist, so kann man als Zustandsmenge $\{0,\ldots,N\}^4$ wählen.
Man muß dann bei der Definition der bedingten Wahrscheinlichkeiten den Fall $m_i'=N$ analog zu $m_i'=0$ behandeln.

<u>Bemerkung 2</u>: Die Anzahl der Zustände kann man um etwa den
Faktor 4 verkleinern, da unser Modell bezüglich des An-
kunftsprozesses $X(t)$ Symmetrieeigenschaften besitzt. Man
identifiziere nämlich die Zustände (m_1,m_2,m_3,m_4),
(m_3,m_2,m_1,m_4), (m_1,m_4,m_3,m_2) und (m_3,m_4,m_1,m_2) miteinander.
Anstelle dieser vier Zustände verwende man den Zustand
$[m_1,m_2,m_3,m_4]$, wobei o.B.d.A. $m_1 \leq m_3$ und $m_2 \leq m_4$ seien, und
definiere ein $\tilde{p}$ durch:
$$\tilde{p}([m_1',m_2',m_3',m_4'] \,|\, (i,0), [m_1,m_2,m_3,m_4])$$
$$= p((m_1',m_2',m_3',m_4') \,|\, (i,0), (m_1,m_2,m_3,m_4)) +$$
$$p((m_3',m_2',m_1',m_4') \,|\, (i,0), (m_1,m_2,m_3,m_4)) +$$
$$p((m_1',m_4',m_3',m_2') \,|\, (i,0), (m_1,m_2,m_3,m_4)) +$$
$$p((m_3',m_4',m_1',m_2') \,|\, (i,0), (m_1,m_2,m_3,m_4)).$$
(falls $m_1' \neq m_3'$ und $m_2' \neq m_4'$ ist ; sonst ändere man entsprechend

ab.) Man beachte, daß sich die rechte Seite der Gleichung
nicht ändert, wenn man (m_3,m_2,m_1,m_4) oder einen anderen
der vier Zustände anstelle von (m_1,m_2,m_3,m_4) einsetzt.
Dieses Zusammenfassen der Zustände werden wir später mit
Hilfe von Homomorphismen zwischen stochastischen Automaten
beschreiben (siehe 2.4.).

1.3. Stochastische Automaten

1.3.1. Definitionen

In den Beispielen (1.2.) haben wir gesehen, daß man bei
praktischen Problemen auf bedingte Wahrscheinlichkeiten
der Form $p(y,z'|x,z)$ geführt wird. Daher definieren wir:

Definition 1: $A = (X,Y,Z;p)$ heißt stochastischer Automat
   (SA), wenn folgendes gilt:
   i) X, Y und Z sind höchstens abzählbare Mengen (Eingabe-
      alphabet, Ausgabealphabet und Zustandsmenge),
   ii) für jedes $x \in X$ und $z \in Z$ ist $p(\cdot,\cdot|x,z)$ ein
      (bedingtes) Wahrscheinlichkeitsmaß auf $Y \times Z$.

Um nicht mit Problemen der Integrationstheorie konfrontiert
zu werden, beschränken wir uns auf höchstens abzählbare
Mengen. Starke und Thiele ($[70]$) geben eine etwas allgemeinere Formulierung an, indem sie beliebige Mengen zu-
lassen, jedoch nur Wahrscheinlichkeitsmaße berücksichtigen,
die bereits auf höchstens abzählbaren Teilmengen den Wert 1
annehmen. Das bedingte Wahrscheinlichkeitsmaß p kann man
auch als Abbildung von $X \times Z$ in die Menge der Wahrscheinlichkeitsmaße über $Y \times Z$ auffassen.

Bezeichnungen: Es seien $x \in X$, $y \in Y$, $z,z' \in Z$ und $Y_1 \subseteq Y$,
   $Z_1 \subseteq Z$, dann schreiben wir
   $p(y,z'|x,z)$ statt $p(\{y\},\{z'\}|x,z)$ und
   $p(Y_1,Z_1|x,z)$ statt $\displaystyle\sum_{y'\in Y_1}\sum_{\zeta\in Z_1} p(y',\zeta|x,z)$.

<u>Definition 2</u>: Ein SA $A=(X,Y,Z;p)$ heißt endlicher stocha-
   stischer Automat (EAS), falls X,Y,Z endlich sind.

Ein SA ist durch Definition 1 noch nicht vollständig beschrieben; es fehlt die Definition der Arbeitsweise. Hierzu
setzen wir p in geeigneter Weise fort:

<u>Definition 3</u>: (Arbeitsweise eines SA)
   Es sei $A=(X,Y,Z;p)$ ein SA. X^* und Y^* seien die freien
   Monoide über X und Y, deren Einheiten wir mit e bezeichnen. Wir definieren rekursiv ein Wahrscheinlichkeitsmaß $\tilde{p}$ durch

i) $\tilde{p}(e,z'|e,z) = \begin{cases} 1 & \text{falls} \quad z=z' \\ 0 & \text{falls} \quad z\neq z' \end{cases}$ für alle $z,z' \in Z$,

ii) $\tilde{p}(v,z'|u,z) = 0$, für alle $z,z' \in Z$, $u \in X^*$, $v \in Y^*$
                  mit $l(u)\neq l(v)$ (l ist die Länge),

iii)
   $$\tilde{p}(vy,z'|ux,z) = \sum_{\zeta \in Z} \tilde{p}(v,\zeta|u,z)\cdot p(y,z'|x,\zeta)$$

   für alle $z,z' \in Z$, $x \in X$, $y \in Y$, $u \in X^*$, $v \in Y^*$.

Offenbar stimmt $\tilde{p}$ mit p auf $Y\times Z\times X\times Z$ überein (setze $u=v=e$
in iii); wir schreiben daher statt $\tilde{p}$ stets p.
Definition 3 besagt, daß ein SA sequentiell und synchron
arbeitet, d.h. er liest ein Wort Buchstabe nach Buchstabe
ein und gibt stets einen Buchstaben aus, wenn ein Buchstabe
eingelesen wird. Die Bedingung iii) sagt aus: um von z nach
z' beim Einlesen von ux zu gelangen, muß man alle möglichen
Zwischenzustände ζ berücksichtigen, in die man von z beim
Einlesen von u gelangen kann. Daher ist folgender Hilfssatz
anschaulich sofort klar:

<u>Hilfssatz 1</u>: Für alle $u,u' \in X^*$, $v,v' \in Y^*$, $z,z' \in Z$
   mit $l(u)=l(v)$ gilt:

   $$p(vv',z'|uu',z) = \sum_{\zeta \in Z} p(v,\zeta|u,z)\cdot p(v',z'|u',\zeta).$$

Beweis:
(a) Falls $l(u')\neq l(v')$ ist, dann sind beide Seiten der Glei-

chung Null.

(b) Falls v'=u'=e ist, so bleibt von der Summe nur der
    Summand $p(v,z'|u,z)$ stehen; also ist die Gleichung
    richtig.

(c) Falls $v' \epsilon Y$ und $u' \epsilon X$ sind, dann ist die Glei-
    chung nach Definition 3 iii richtig.

(d) Die Gleichung sei für alle u',v' mit $l(u')=l(v')\leq k$
    (für ein $k\geq 1$) bewiesen. Man betrachte ein $v''=v_1 y$ und
    $u''=u_1 x$ mit $x \epsilon X$, $y \epsilon Y$ und $l(v'')=l(u'')=k+1$. Dann gilt

$$p(vv'',z'|uu'',z) = p(vv_1 y,z'|uu_1 x,z)$$

$$= \sum_{\zeta \epsilon Z} p(vv_1,\zeta|uu_1,z)\cdot p(y,z'|x,\zeta) \qquad \text{(nach Def.3 iii)}$$

$$= \sum_{\zeta \epsilon Z} \left(\sum_{\zeta_1 \epsilon Z} p(v,\zeta_1|u,z)\cdot p(v_1,\zeta|u_1,\zeta_1) \right) \cdot p(y,z'|x,\zeta)$$

$$\text{(nach Induktionsannahme)}$$

$$= \sum_{\zeta_1 \epsilon Z} p(v,\zeta_1|u,z)\cdot \sum_{\zeta \epsilon Z} p(v_1,\zeta|u_1,\zeta_1)\cdot p(y,z'|x,\zeta)$$

$$= \sum_{\zeta_1 \epsilon Z} p(v,\zeta_1|u,z)\cdot p(v_1 y,z'|u_1 x,\zeta_1) \qquad \text{(nach Def.3 iii)},$$

womit durch Induktion Hilfssatz 1 bewiesen ist.

1.3.2. Darstellung durch Matrizen

Definition 3 iii und Hilfssatz 1 erinnern an die Multiplikation von Matrizen. Es sei $Z=\{z_1,z_2,z_3,\ldots\}$, dann setze
man $p_{ij}(y|x) := p(y,z_j|x,z_i)$ und

$$P(y|x) := \left(p_{ij}(y|x) \right)_{i,j=1,2,\ldots} .$$

Die Elemente der Matrix $P(y|x)$ geben die Überführungswahr-
scheinlichkeiten zwischen den Zuständen unter der Voraussetzung an, daß x eingegeben und y ausgegeben wird. In De-
finition 3 werden nun die Matrizen $P(v|u)$ eingeführt durch
$P(e|e) := E$ (=Einheitsmatrix der entsprechenden Ordnung),
$P(v|u) := 0$ (=Nullmatrix der entsprechenden Ordnung), falls
$l(v)\neq l(u)$, und $P(vy|ux) := P(v|u)\cdot P(y|x)$. Hieraus folgt

für $v=y_1 \ldots y_m$ und $u=x_1 \ldots x_m$
$P(v|u) = P(y_1|x_1) \cdot \ldots \cdot P(y_m|x_m)$. Wegen der Assoziativität
der Matrizenmultiplikation erhält man nun Hilfssatz 1 in
der Form:

Hilfssatz 1a: Für alle $u,u' \in X^*$ und $v,v' \in Y^*$ mit
   $l(u)=l(v)$ gilt:
$$P(vv'|uu') = P(v|u) \cdot P(v'|u').$$

Eine Matrix heißt nichtnegativ, wenn alle ihre Elemente
nicht negativ sind; eine nichtnegative Matrix heißt
stochastisch, wenn jede ihrer Zeilensummen gleich 1 ist.
Man kann einen SA auch mit Hilfe solcher Matrizen charakterisieren.

Hilfssatz 2: Ein stochastischer Automat A ist eindeutig
   charakterisiert durch eine Menge von quadratischen nicht-
   negativen Matrizen gleicher Ordnung $\{P(y|x)|y \in Y, x \in X\}$,
   so daß für alle $x \in X$ die Matrix
$$P(x) := \sum_{y \in Y} P(y|x) \quad \text{stochastisch ist.}$$
Die Arbeitsweise des SA wird durch die Matrizenmultiplikation dargestellt; die Anzahl der Zustände des SA
ist die Ordnung der Matrizen.

1.3.3. Äquivalenz

Es sollen nun stochastische Automaten bezüglich ihrer "Leistungsfähigkeit" verglichen werden. Intuitiv gesprochen
leisten zwei SA das gleiche, wenn die Ausgabereaktion auf
jedes Eingabewort bei beiden Automaten gleich ist. Um dies
zu präzisieren, betrachte man einen SA $A=(X,Y,Z;p)$, ein
$z_i \in Z$ und $x \in X$. Das Ausgabeverhalten von A im Zustand z_i
bei Eingabe von x ist dann gegeben durch die Wahrscheinlichkeiten
$$\eta_i(y|x) := \sum_{z \in Z} p(y,z|x,z_i) \quad \text{für jedes } y \in Y.$$
Aus diesen $\eta_i(y|x)$ bilden wir den Spaltenvektor

$$\eta(y|x) := \begin{pmatrix} \eta_1(y|x) \\ \eta_2(y|x) \\ \vdots \end{pmatrix} .$$

Offenbar ist $\eta(y|x)$ der Vektor der Zeilensummen von $P(y|x)$.
Es sei daher

$$\mathcal{N} = \begin{pmatrix} 1 \\ 1 \\ \vdots \end{pmatrix}$$

der Spaltenvektor, der nur aus Einsen besteht; dann gilt
$\eta(y|x) = P(y|x)\cdot\mathcal{N}$. Dies läßt sich sofort auf $Y^*\times X^*$ verallgemeinern:

<u>Definition 4</u>: $\eta(v|u) := P(v|u)\cdot\mathcal{N}$ heißt Ergebnisvektor
von dem SA A zu $u \in X^*$ und $v \in Y^*$.

Die i-te Komponente $\eta_i(v|u)$ von $\eta(v|u)$ gibt die Wahrschein-
lichkeit dafür an, daß A im Zustand z_i bei Eingabe von u
das Wort v ausgibt.

<u>Hilfssatz 3</u>: Es gelten folgende Formeln.

i) $\eta(e|e) = \mathcal{N}$

ii) $\displaystyle\sum_{v \in Y^*} \eta(v|u) = \mathcal{N}$ für alle $u \in X^*$

iii) $\displaystyle\sum_{y \in Y} \eta(vy|ux) = \eta(v|u)$ für alle $u \in X^*$, $v \in Y^*$
und $x \in X$

iv) $\displaystyle\sum_{y \in Y} \eta(yv|xu) = P(x)\cdot\eta(v|u)$ für alle $u \in X^*$,
$v \in Y^*$ und $x \in X$

v) $\eta(v_1v_2|u_1u_2) = P(v_1|u_1)\cdot\eta(v_2|u_2)$ für alle
$u_1,u_2 \in X^*$, $v_1,v_2 \in Y^*$ mit $l(v_1)=l(u_1)$.

Der Beweis sei dem Leser als Aufgabe überlassen. Man beachte hierbei Hilfssatz 1a und Definition 4. Bei ii) zeige
man, daß $\displaystyle\sum_{v \in Y^*} P(v|u) =: P(u)$ für alle $u \in X^*$ eine
stochastische Matrix ist und daß für jede stochastische
Matrix M gilt: $M\cdot\mathcal{N} = \mathcal{N}$.
Die Behauptung v) von Hilfssatz 3 besagt: die Arbeitsweise

eines SA läßt sich als Menge von linearen Abbildungen des
$\mathbb{R}^n$ in sich auffassen, wobei n die Anzahl der Zustände
des SA ist ($n \leq \infty$).
Ein SA kann sich zu einem Zeitpunkt immer nur in einem
wohldefinierten Zustand befinden, jedoch ist es einem außenstehenden Beobachter im allgemeinen nicht möglich, diesen
Zustand festzustellen. Man kann meist nur angeben, der SA
befinde sich mit einer gewissen Wahrscheinlichkeit in einem
bestimmten Zustand. Daher ist es sinnvoll, Zustandsverteilungen einzuführen.

Definition 5: Ein Zeilenvektor π heißt eine Zustandsverteilung des SA A, wenn die Dimension von π gleich der
Zustandszahl von A ist, π nur nichtnegative Komponenten
besitzt und π die Zeilensumme 1 hat.

Jeden Zustand z_i kann man als die spezielle Zustandsver-
teilung π mit $\quad \pi_j = \begin{cases} 0 & \text{falls } j \neq i \\ 1 & \text{falls } j = i \end{cases}$ auffassen, und jeden
solchen Einheitsvektor kann man mit dem entsprechenden Zu-
stand identifizieren.

Verabredung: Im folgenden fassen wir die Zustände eines SA
stets als Zustandsverteilungen auf. Ist $\pi = (\pi_1, \ldots, \pi_n)$
eine beliebige Zustandsverteilung von A, dann kann man
π stets als Linearkombination der Zustände von A
schreiben:
$$\pi = \sum_{i=1}^{n} \pi_i z_i \qquad \text{(eventuell ist } n = \infty\text{)}.$$

Die i-te Komponente π_i einer Zustandsverteilung π von A
gibt die Wahrscheinlichkeit an, daß sich A im Zustand z_i
befindet. Die Wahrscheinlichkeit dafür, daß v ausgegeben
wird, wenn sich A mit der Wahrscheinlichkeit π_i im Zustand z_i befand und u eingegeben wurde, errechnet sich zu
$$\sum_{z_i \in Z} \pi_i \cdot \eta_i(v|u) = \pi\eta(v|u).$$

Bezeichnungen: $\eta^\pi : Y^* \times X^* \to [0,1]$ sei die durch

$\eta^{\pi}(v|u) := \pi \cdot \eta(v|u)$ definierte Abbildung in das Einheitsintervall. Dann bezeichnen wir die Menge

$\mathscr{P}_A := \{\eta^{\pi} \mid \pi$ ist Zustandsverteilung von A$\}$ als die zu A gehörende Abbildungsfamilie, und die Menge

$\mathscr{Z}_A := \{\eta^z \mid z$ ist Zustand von A$\}$ als die zu A gehörende Abbildungsfamilie der Zustände.

<u>Definition 6</u>: Es seien $A=(X,Y,Z;p)$ und $A'=(X,Y,Z';p')$ zwei SA mit gleichen Eingabe- und gleichen Ausgabealphabeten.

   i) A und A' heißen äquivalent, falls $\mathscr{P}_A = \mathscr{P}_{A'}$ ist
      (Symbol: $A \approx A'$).

  ii) A und A' heißen Z-äquivalent, falls $\mathscr{Z}_A = \mathscr{Z}_{A'}$ ist
      (Symbol: $A \sim A'$).

 iii) A überdeckt A', falls $\mathscr{P}_A \supseteq \mathscr{P}_{A'}$ ist
      (Symbol: $A \geq A'$).

  iv) Zwei Zustandsverteilungen (bzw. Zustände) π von A und π' von A' heißen äquivalent, falls für alle $u \in X^*$ und $v \in Y^*$ gilt $\pi \cdot \eta(v|u) = \pi' \cdot \eta'(v|u)$, d.h. es gilt $\eta^{\pi} = \eta'^{\pi'}$ (Symbol: $\pi \sim \pi'$).

   v) Zwei Zustandsverteilungen (bzw. Zustände) π von A und π' von A' heißen k-äquivalent, wenn die Gleichung in iv) für alle $u \in X^*$ und $v \in Y^*$ mit $l(u)=l(v)\leq k$ gilt (Symbol: $\pi \underset{k}{\sim} \pi'$, bzw. $z \underset{k}{\sim} z'$).

  vi) Zwei Zustandsverteilungen (bzw. Zustände) heißen unterscheidbar, falls sie nicht äquivalent sind.

<u>Bemerkung</u>: In dem Fall, daß $A=A'$ ist, erhält man die entsprechenden Beziehungen zwischen den Zustandsverteilungen eines Automaten.

Es ist klar, daß $\sim$ und $\approx$ Äquivalenzrelationen auf der Klasse der stochastischen Automaten, bzw. der Zustandsverteilungen sind. Weiterhin ergeben sich folgende

<u>Folgerungen</u>:
1) $A \approx A'$ genau dann, wenn $A \geq A'$ und $A' \geq A$ ist.

2) $A \approx A'$ genau dann, wenn es zu jeder Zustandsverteilung
π von A eine äquivalente von A' gibt und wenn zu jedem
π' von A' ein äquivalentes π von A existiert.

3) $A \sim A'$ genau dann, wenn es zu jedem Zustand des einen
SA einen äquivalenten Zustand des anderen SA gibt.

4) Je zwei Zustandsverteilungen sind 0-äquivalent.

Man kann Folgerung 2) verschärfen zu

<u>Hilfssatz 4</u>:

i) $A \geq A'$ genau dann, wenn es zu jedem Zustand von A'
eine äquivalente Verteilung von A gibt.

ii) $A \approx A'$ genau dann, wenn es zu jedem Zustand von A'
eine äquivalente Verteilung von A und zu jedem Zustand von A eine äquivalente Verteilung von A'gibt.

iii) Aus $A \sim A'$ folgt $A \approx A'$.

Beweis: Ist i) bewiesen, so folgt ii) hieraus mit Hilfe
von Folgerung 1), und aus ii) folgt sofort iii). Wir
beweisen i). Es sei $A \geq A'$, d.h. $\mathcal{P}_A \supseteq \mathcal{P}_{A'}$. Dann existiert
zu jedem $z' \in Z'$ eine Zustandsverteilung π von A mit
$\eta'^{z'} = \eta^\pi$, d.h. $z' \sim \pi$.

Es gebe umgekehrt zu jedem $z'_j \in Z'$ eine Zustandsvertei-
lung $\pi(z'_j)$ von A mit $z'_j \sim \pi(z'_j)$. Z' besitze n' Elemente.
Dann gilt für eine beliebige Zustandsverteilung π' von
A':

$$\pi' = \sum_{j=1}^{n'} \pi'_j z'_j \sim \sum_{j=1}^{n'} \pi'_j \pi(z'_j) =: \pi$$

Da $\sum_{j=1}^{n'} \pi'_j = 1$ ist, so ist π eine Zustandsverteilung von
A, d.h. $\pi' \sim \pi$ und $\eta'^{\pi'} \in \mathcal{P}_A$. Es folgt $\mathcal{P}_A \supseteq \mathcal{P}_{A'}$ und $A \geq A'$.

Die Umkehrung von Hilfssatz 4 iii) gilt im allgemeinen nicht,
wie in 2.2.2. gezeigt wird.

<u>Aufgabe</u>:Besitzen A und A' jeweils höchstens zwei Zustände,
so gilt: $A \sim A' \Longleftrightarrow A \approx A'$. Man beweise dies.

Kapitel 2: Reduktionen

Unter Reduktionen wollen wir hier Verfahren verstehen, die
die Zustandszahl eines stochastischen Automaten verringern,
ohne die Leistungsfähigkeit wesentlich zu verändern. Wir
untersuchen in diesem Kapitel Reduktionen bezüglich der
Z-Äquivalenz (2.1.), der Äquivalenz (2.2.), der Überdeckungs-
eigenschaft (2.3.) und der Homomorphismen (2.4.). In 2.5.
gehen wir auf spezielle Automaten ein.

2.1. Reduzierte Automaten

2.1.1. Definition

Ein SA soll reduziert heißen, wenn er nicht zwei Zustände
mit gleichem Ein- und Ausgabeverhalten besitzt.

Definition 7:
i) Ein SA heißt reduziert, wenn je zwei seiner Zustände
   unterscheidbar sind, d.h. wenn es zu keinem Zustand
   einen äquivalenten Zustand gibt.
ii) Ein SA A' heißt zu A reduziert, falls A' reduziert
   ist und $A \sim A'$ gilt.

Anstelle von A wird man versuchen, einen zu A reduzierten
Automaten zu untersuchen, da er weniger Zustände besitzt.
Es ist daher unser Ziel, aus A einen reduzierten Automaten zu konstruieren. Wir wollen im folgenden zeigen, daß
solch ein Automat stets existiert und konstruiert werden
kann, daß er aber nicht eindeutig bestimmt ist. Hierbei
verwenden wir ausschließlich algebraische Methoden.

2.1.2. Konstruktion reduzierter Automaten

Die Anzahl der Zustände zweier äquivalenter reduzierter
Automaten ist gleich, wie folgender Hilfssatz zeigt.

Hilfssatz 5: Es seien A und A' zwei reduzierte Automaten
mit $A \sim A'$. Die Zustandsmengen seien mit Z und Z' bezeichnet. Dann existiert eine bijektive Abbildung von

Z auf Z'.

Beweis: Zu jedem $z \in Z$ existiert nach Voraussetzung ein
$z' \in Z'$ mit $z \sim z'$. Es gibt jedoch zu z nur genau ein
solches z'; denn gäbe es ein weiteres $z'' \in Z'$ mit $z \sim z''$,
dann folgte $z'' \sim z \sim z'$ im Widerspruch dazu, daß A' reduziert ist. Jedem $z \in Z$ kann man daher genau ein $z' \in Z'$
mit $z \sim z'$ zuordnen. Diese Zuordnung ist eineindeutig.
Da es zu jedem $z' \in Z'$ jedoch ein $z \in Z$ mit $z \sim z'$ geben
muß $(A \sim A')$, so ist die Zuordnung auch surjektiv. Dies
definiert eine bijektive Abbildung von Z auf Z'.

Alle zu einem SA reduzierten Automaten besitzen daher die
gleiche Anzahl an Zuständen. Die Anzahl ergibt sich als die
Anzahl der Klassen von Zuständen bzgl. der Relation $\sim$,
wie folgendes Konstruktionsverfahren zeigt ([9],[40]), das
dem Verfahren bei determinierten Automaten nachgebildet ist.

Satz 1: Zu jedem stochastischen Automaten A existiert ein
zu A reduzierter Automat.

Beweis: Es sei $A = (X,Y,Z;p)$. Es sei $\{Z_1,\ldots,Z_r\}$ die Partition der Zustandsmenge Z bezüglich der Relation $\sim$,

d.h. $Z = \bigcup_{i=1}^{r} Z_i$, $Z_i \cap Z_j = \emptyset$ für $i \neq j$ und zwei Zustände

z_1, z_2 liegen genau dann in dem gleichen Z_i, falls
$z_1 \sim z_2$ gilt (eventuell ist $r = \infty$). Man setze
$Z' := \{Z_1,\ldots,Z_r\}$. Zu jedem $Z_i \in Z'$ wähle man ein
$z_i' \in Z_i$ fest aus; z_i' heißt ein Repräsentant von Z_i. Wir
definieren nun einen SA $A' = (X,Y,Z';p')$ durch
$$p'(y,Z_j \mid x,Z_i) := p(y,Z_j \mid x,z_i') = \sum_{z \in Z_j} p(y,z \mid x,z_i')$$

und behaupten, daß A' ein zu A reduzierter Automat ist.
Wir beweisen durch Induktion, daß für jedes $z_k \in Z_i$
gilt: $z_k \sim Z_i$, wobei Z_i einmal als Teilmenge
von Z und einmal als Zustand in A' aufzufassen ist. Da
$z_k \in Z_i$ ist, so folgt $z_k \sim z_i'$, und daher gilt für alle
$x \in X$, $y \in Y$ für die k-te, bzw. i-te Komponente der

Ergebnisvektoren $\eta(y|x)$, bzw. $\eta'(y|x)$:
$$\eta_k(y|x) = \eta_{z_i'}(y|x) = \sum_{z \,\epsilon\, Z} p(y,z|x,z_i')$$

$$= \sum_{Z_j \,\epsilon\, Z'} \sum_{z \,\epsilon\, Z_j} p(y,z|x,z_i') \qquad \text{(da Z' Partition von Z}$$

$$= \sum_{Z_j \,\epsilon\, Z'} p'(y,Z_j|x,Z_i) = \eta_i'(y|x),$$

also gilt $z_k \not\sim Z_i$. Es seien nun z_k und Z_i m-äquivalent
($m\geq1$), dann gilt für alle $u \,\epsilon\, X^*$, $v \,\epsilon\, Y^*$ mit $l(u)=l(v)=m$
und für alle $x \,\epsilon\, X$ und $y \,\epsilon\, Y$:
$$\eta_k(yv|xu) = \eta_{z_i'}(yv|xu) \qquad \text{(da } z_k \sim z_i')$$

$$= \bigl(P(y|x)\cdot\eta(v|u)\bigr)_{z_i'} \qquad \text{(nach Hilfssatz 3 v)}$$

$$= \sum_{z \,\epsilon\, Z} p(y,z|x,z_i')\cdot\eta_z(v|u)$$

$$= \sum_{j=1}^{r} \sum_{z \,\epsilon\, Z_j} p(y,z|x,z_i')\cdot\eta_z(v|u)$$

$$= \sum_{j=1}^{r} \bigl(\sum_{z \,\epsilon\, Z_j} p(y,z|x,z_i')\bigr)\cdot\eta_{z_j'}(v|u)$$

(da alle Zustände in Z_j zu z_j' äquivalent sind)
$$= \sum_{j=1}^{r} p'(y,Z_j|x,Z_i)\cdot\eta_j'(v|u) \qquad \text{(nach Induktionsann.)}$$

$$= \eta_i'(yv|xu), \text{also gilt } z_k \overset{\sim}{_{m+1}} Z_i, \text{ und damit ist}$$

$z_k \sim Z_i$ für jedes $z_k \,\epsilon\, Z_i$ bewiesen. Hieraus folgt
nach Folgerung 3 in 1.3.3. sofort $A \sim A'$.
Es ist noch zu zeigen, daß A' reduziert ist. Hierzu betrachte man $Z_i, Z_j \,\epsilon\, Z'$ mit $Z_i \sim Z_j$, dann gilt
$z_i' \sim Z_i \sim Z_j \sim z_j'$, also i=j nach Definition von Z'. Da
je zwei Zustände von A' unterscheidbar sind, ist A' reduziert. Damit ist Satz 1 bewiesen.

Der SA A', der im Beweis zu Satz 1 konstruiert wurde, hängt
von der Auswahl der Repräsentanten $z_i' \,\epsilon\, Z_i$ ab. Da alle Zustände, die in Z_i liegen, äquivalent sind, kann man auf

Repräsentanten verzichten und folgendes allgemeinere Verfahren zur Konstruktion eines reduzierten Automaten verwenden: man gebe sich r Wahrscheinlichkeitsverteilungen $\mu_1,\ldots,\mu_r$ auf Z vor mit der Eigenschaft $\mu_i(z) = 0$ für $z \notin Z_i$. Dann setze man

$$p'(y,Z_j|x,Z_i) = \sum_{z \in Z_i} p(y,Z_j|x,z) \cdot \mu_i(z).$$

<u>Aufgabe</u>: Man zeige, daß der so konstruierte SA A' ebenfalls ein zu A reduzierter Automat ist.

2.1.3. Entscheidbarkeit der Z-Äquivalenz

Das in 2.1.2. angegebene Konstruktionsverfahren kann man bei ESA nur durchführen, wenn man zu zwei Zuständen z_1 und z_2 effektiv angeben kann, ob $z_1 \sim z_2$ ist oder nicht. Carlyle ([9]) zeigte, daß dies allgemein für Zustandsverteilungen möglich ist.

<u>Satz 2</u>: A sei ein endlicher stochastischer Automat mit n
    Zuständen. Zwei Verteilungen π und π' von A sind dann
    und nur dann äquivalent, wenn sie (n-1)-äquivalent sind.

<u>Beweis</u>: Es sei $k \in \mathbb{N}_o$. Dann gilt
       π und π' sind k-äquivalent
  $\Longleftrightarrow$ für alle $u \in X^*$, $v \in Y^*$ mit $l(u) = l(v) \leqq k$
      gilt $\pi\eta(v|u) = \pi'\eta(v|u)$
  $\Longleftrightarrow$ für alle $u \in X^*$, $v \in Y^*$ mit $l(u) = l(v) \leqq k$
      gilt $(\pi-\pi')\eta(v|u) = 0$.
Es sei V_k der von $\{\eta(v|u)|l(u)=l(v)\leqq k\}$ erzeugte Unterraum des n-dimensionalen Vektorraums über den reellen Zahlen $\mathbb{R}^n$. Dann gilt $V_o = \{\pi\} \cdot \mathbb{R}$, d.h. die Dimension von V_o ist 1, und $V_i \subseteqq V_{i+1}$ für i=0,1,2,... . Weiter sei V_A der von $\{\eta(v|u)|u \in X^*, v \in Y^*\}$ erzeugte Unterraum des $\mathbb{R}^n$. Gilt für ein $k \in \mathbb{N}_o$, daß $V_k=V_{k+1}$ ist, so gilt $V_k=V_{k+1}=V_{k+2}=\ldots$, da die Ergebnisvektoren $\eta(yv|xu)$ durch Anwendung der linearen Abbildung $P(y|x)$ auf $\eta(v|u)$ entstehen (Hilfssatz 3v); und in diesem Fall ist dann $V_k=V_A$. Es sei $j \in \mathbb{N}_o$ die kleinste Zahl mit

$V_j = V_{j+1}$, dann folgt aus $\dim(V_o)=1<\dim(V_1)<\dim(V_2)<\ldots$
$\ldots<\dim(V_j)\leq n=\dim(\mathbb{R}^n)$, daß $j\leq n-1$ sein muß.Wegen
$V_j=V_A$ gilt daher:

$$\pi \sim \pi' \iff (\pi-\pi')\eta(v|u) = 0 \text{ für alle } \eta(v|u) \in V_j$$
$$\iff \pi \text{ und } \pi' \text{ sind } j\text{-äquivalent}$$
$$\iff \pi \text{ und } \pi' \text{ sind } (n-1)\text{-äquivalent.}$$

Aus diesem Beweis sieht man, daß es genügt, eine Basis
von V_A zu untersuchen. Wir werden dies in 2.1.5. bei der
Konstruktion der zu A gehörigen Matrix H_A ausnutzen.
Mit Hilfe von Satz 2 kann man bei einem ESA für je zwei
Zustandsverteilungen die Äquivalenz nachprüfen. Als Korollar zeigen wir, daß auch die Äquivalenz von Zustandsverteilungen in zwei verschiedenen Automaten nachprüfbar
ist.

<u>Korollar</u>: A und A' seien endliche stochastische Automaten
mit n, bzw. n' Zuständen. Zwei Zustandsverteilungen π von
A und π' von A' sind dann und nur dann äquivalent, wenn sie
$(n+n'-1)$-äquivalent sind.

<u>Beweis</u>: O.B.d.A. seien die Zustandsmengen Z und Z' von A
und A' disjunkt. Man definiere nun einen stochastischen
Automaten $\tilde{A} = (X,Y,Z \cup Z';\tilde{p})$, wobei $\tilde{p}$ durch die Matrizen

$$\tilde{P}(y|x) = \begin{pmatrix} P(y|x) & 0 \\ 0 & P'(y|x) \end{pmatrix}$$

eindeutig bestimmt ist. Dann sind π und π' äquivalent,
falls $(\pi,\underbrace{0,0,\ldots,0}_{n' \text{ mal}})$ und $(\underbrace{0,0,\ldots,0}_{n \text{ mal}},\pi')$ in $\tilde{A}$ äquivalent

sind. Nach Satz 1 trifft dies jedoch genau dann zu, wenn
sie $(n+n'-1)$-äquivalent sind, da $\tilde{A}$ $(n+n')$ Zustände
besitzt.

<u>2.1.4. Gegenbeispiele</u>

Im Anschluß an Satz 2 stellt sich die Frage, ob die angegebene Schranke $(n-1)$ verbessert werden kann oder nicht. Wir
zeigen in Beispiel 1, daß dies nicht möglich ist. Nach

dem Beweis von Satz 1, insbesondere wegen der Abhängigkeit
des dort konstruierten Automaten von der Auswahl der Repräsentanten, vermutet man, daß ein SA mehrere verschiedene
reduzierte Automaten besitzen kann. Dies ist tatsächlich
der Fall, wie Beispiel 2 zeigen wird. Bevor dies gezeigt
werden kann, muß jedoch der Begriff "verschieden" präzi-
siert werden.
Um die Automaten übersichtlich darstellen zu können, führen
wir die Beschreibung eines SA mit Hilfe von Graphen ein.
Wir stellen hierbei die Zustände des SA als Kreise dar
und verbinden zwei Zustände z und z' genau dann mit einem
von z nach z' gerichteten Pfeil, an den "x,y;a" geschrie-
ben wird, falls $p(y,z'|x,z) = a \neq 0$ ist. Ist diese Wahr-
scheinlichkeit 0, so zeichnen wir keinen Pfeil ein. Durch
Fig.8

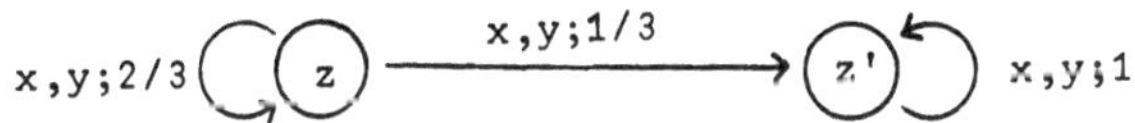

Fig.8

wird zum Beispiel ein SA A = ({x},{y},{z,z'};p) mit
$p(y,z'|x,z) = 1/3$, $p(y,z|x,z) = 2/3$, $p(y,z'|x,z') = 1$
definiert.

Beispiel 1: Man betrachte folgenden determinierten Automaten
A = (X,Y,Z;p) mit X = {a,b}, Y = {c,d}, Z = $\{z_1,\ldots,z_n\}$
für ein beliebiges n ε $I\!N$. Der SA sei durch folgenden
Graphen gegeben:

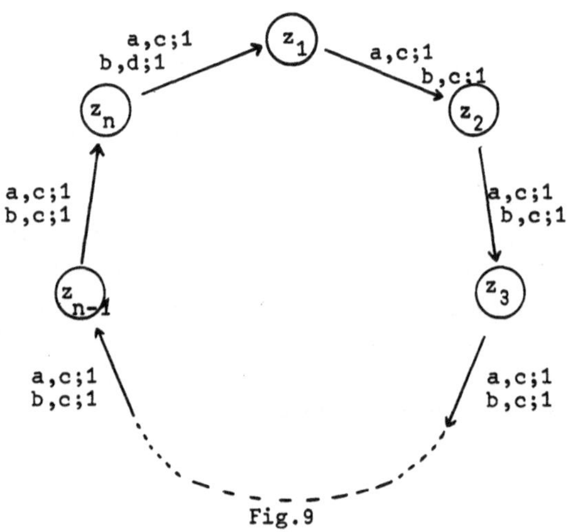

Fig.9

d.h. $p(c,z_{i+1}|a,z_i) = p(c,z_{i+1}|b,z_i) = 1$, für
$i=1,\ldots,n-1,$

und $p(c,z_1|a,z_n) = p(d,z_1|b,z_n) = 1$, und alle sonstigen
Wahrscheinlichkeiten sind gleich Null. Man erkennt unmittelbar aus Fig.9, daß für alle $u \in X^*$ mit $l(u) \leq n-2$
das Wort $c^{l(u)}$ ausgegeben wird, wenn man in z_1 oder in
z_2 startet. Daher sind z_1 und z_2 $(n-2)$-äquivalent. Diese
beiden Zustände sind aber offenbar nicht äquivalent. Daher läßt sich die in Satz 2 angegebene Schranke im allgemeinen nicht verbessern.

<u>Aufgabe</u>: Man zeige an Hand eines Beispiels, daß sich auch
die im Korollar zu Satz 2 angegebene Schranke $(n+n'-1)$
nicht verbessern läßt.

Um das zweite Beispiel anführen zu können, müssen wir de
finieren, wann zwei SA "wesentlich verschieden" sind. Der
formale Begriff hierfür heißt "nicht isomorph".

<u>Definition 8</u>: Zwei SA $A = (X,Y,Z;p)$ und $A' = (X,Y,Z';p')$
heißen isomorph, wenn sie durch Umbenennung der Zustände
auseinander hervorgehen, d.h. wenn es eine bijektive
Abbildung $\phi: Z \longrightarrow Z'$ gibt mit $p(y,z_2|x,z_1) =$
$p'(y,\phi(z_2)|x,\phi(z_1))$ für alle $x \epsilon X$, $y \epsilon Y$, $z_1,z_2 \epsilon Z$.

Um isomorph zu sein, müssen A und A' notwendig die gleiche
Anzahl an Zuständen besitzen. Carlyle ([9]) zeigte bereits
folgenden Satz

<u>Satz 3:</u> Es gibt stochastische Automaten A und A' mit
   i) A und A' sind reduziert,
   ii) A $\sim$ A',
   iii) A und A' sind nicht isomorph.

Dieser Satz ist interessant, da er im Gegensatz zu den
Sätzen 1 und 2 für determinierte Automaten nicht gilt.
(siehe Anhang 1) Wir beweisen Satz 3 mit Hilfe eines Beispiels von Starke.

<u>Beispiel 2</u>: Man betrachte folgenden Automaten
   $A = (\{x\},\{y,y'\},\{1,2,3,4\};p)$, der durch den Graphen in
   Fig.10 definiert ist.

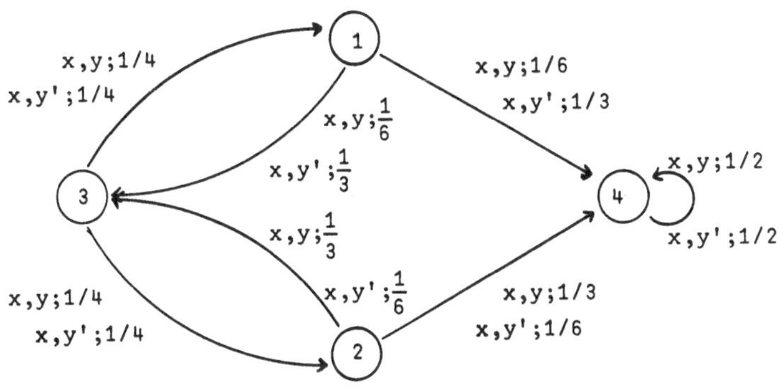

Fig.10

Wir zeigen zunächst, daß dieser SA nicht reduziert ist,
und werden dann auf ihn das Konstruktionsverfahren von

Satz 1 an, wobei wir je nach Auswahl der Repräsentanten zwei SA finden, die Satz 3 genügen.

Man berechnet leicht folgende Ergebnisvektoren:

$$\mathit{n} = \begin{pmatrix} 1 \\ 1 \\ 1 \\ 1 \end{pmatrix}, \quad \eta(y|x) = \begin{pmatrix} 1/3 \\ 2/3 \\ 1/2 \\ 1/2 \end{pmatrix}, \quad \eta(y'|x) = \begin{pmatrix} 2/3 \\ 1/3 \\ 1/2 \\ 1/2 \end{pmatrix},$$

$$\eta(yy|xx) = \eta(yy'|xx) = \begin{pmatrix} 1/6 \\ 1/3 \\ 1/4 \\ 1/4 \end{pmatrix} = 1/2 \cdot \eta(y|x),$$

$$\eta(y'y|xx) = \eta(y'y'|xx) = \begin{pmatrix} 1/3 \\ 1/6 \\ 1/4 \\ 1/4 \end{pmatrix} = 1/2 \cdot \eta(y'|x).$$

Es folgt (siehe Beweis zu Satz 2): $V_1 = V_2 = V_A$, d.h. $\dim(V_A) = 2$. Aus der 1-Äquivalenz folgt daher schon die Äquivalenz von Zuständen. Anhand von $\eta(y|x)$ sieht man sofort: $3 \sim 4$ und alle übrigen Zustände sind paarweise nicht äquivalent.

Wie im Beweis zu Satz 1 angegeben bilden wir nun: $Z_1 = \{1\}$, $Z_2 = \{2\}$, $Z_3 = \{3,4\}$ und $Z' = \{Z_1, Z_2, Z_3\}$. Wählt man als Repräsentanten von Z_3 den Zustand 3, so erhält man den reduzierten Automaten A_1' in Fig.11,

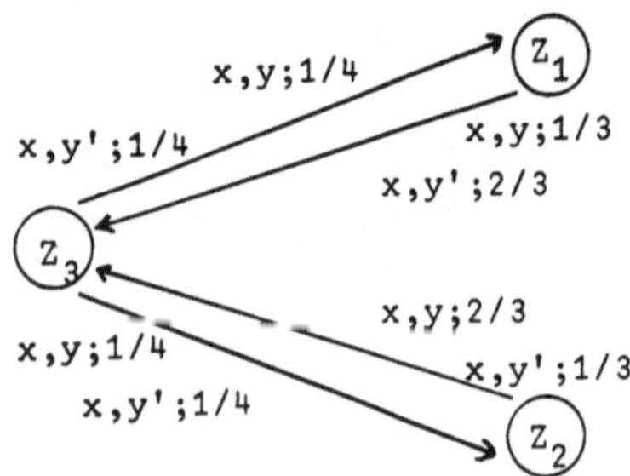

Fig.11

wählt man dagegen den Zustand 4 als Repräsentanten von
Z_3, so erhält man den reduzierten Automaten A_2' in
Fig.12.

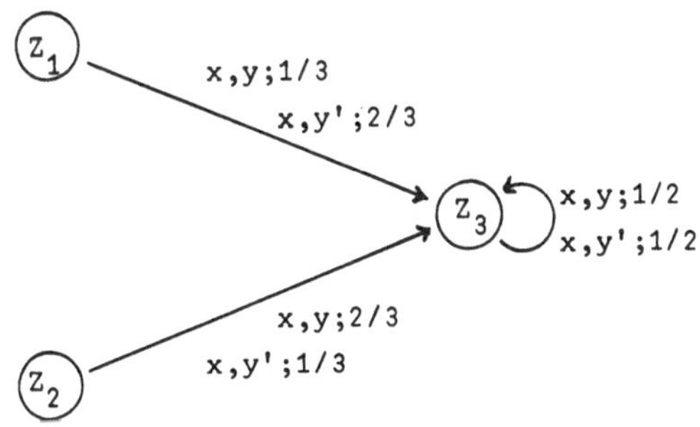

Fig.12

Da nach Konstruktion A_1' und A_2' zu A reduziert sind, so
gilt $A_1' \sim A \sim A_2'$, d.h. A_1' und A_2' sind Z-äquivalent und
reduziert. Weiterhin sieht man unmittelbar anhand von
Fig.11 und 12, daß A_1' und A_2' nicht isomorph sind.
Damit ist zugleich Satz 3 bewiesen.

<u>Aufgaben</u>:

i) Man zeige: Es seien A und A' reduzierte SA mit $A \sim A'$.
   Falls A zwei Zustände besitzt, so sind A und A' iso-
   morph. (Die Automaten A_1' und A_2' lassen sich also in
   Beispiel 2 nicht noch kleiner wählen.)

ii) In 1.2.3. (Lernmodell) wurden Wahrscheinlichkeiten
   $p(y,z_j|x,z_i)$ angegeben, die eindeutig einen stocha-
   stischen Automaten definieren. Man zeige, daß dieser
   SA reduziert ist.

iii) Man zeige, daß die in 1.2.5. (in Bemerkung 2) angegebenen Zustände (m_1,m_2,m_3,m_4), (m_3,m_2,m_1,m_4),
   (m_1,m_4,m_3,m_2) und (m_3,m_4,m_1,m_2) zueinander äquivalent sind.

<u>2.1.5. Die Matrix H_A.</u>

Der Beweis von Satz 2 legt die Vermutung nahe, daß bei

Problemen, die mit der Z-Äquivalenz zusammenhängen, nur
eine Basis des zu A gehörigen Vektorraums V_A eine Rolle
spielt. Aus einer Basis von V_A werden wir eine Matrix H_A
bilden, mit deren Hilfe die Äquivalenz und Z-Äquivalenz
von SA durchsichtiger wird und die es uns ermöglicht, den
SA fast zu vergessen und uns in den Kalkül der linearen
Algebra zurückzuziehen. Um diese Basis einheitlich auszuwählen, muß man irgendeine Anordnung auf der Menge $(X \times Y)^*$
fest vorgeben.

<u>Verabredung</u>: Man betrachte die Menge $W = \{(v|u)|v \epsilon Y^*,$
$u \epsilon X^*,\ 1(u)=1(v)\}$. Mit Hilfe der Operation
$(v_1|u_1)\ (v_2|u_2) =: (v_1 v_2|u_1 u_2)$ für alle $(v_1|u_1)$,
$(v_2|u_2)\ \epsilon\ W$ wird W zu einem (freien) Monoid, das von
der Menge $W' = \{(y|x)|y \epsilon Y, x \epsilon X\}$ erzeugt wird. Die Ele-
mente von W seien lexikographisch angeordnet, wobei W'
irgendwie angeordnet sei und diese Anordnung auf W fortgesetzt wird. Wir werden im folgenden stets annehmen, daß
W eine solche fest gewählte Anordnung besitzt. (Bemerkung: Die Monoide W und $(X \times Y)^*$ sind isomorph.)

<u>Definition 9</u>: Es sei A ein SA mit n Zuständen. Die Dimen-
sion von V_A (siehe Beweis zu Satz 2) sei q. Dann sei H_A
folgende (n,q)-Matrix
$(\eta(v_1|u_1)\ \eta(v_2|u_2)\ \ldots\ \eta(v_q|u_q))$, wobei $u_1 = v_1 = e$ ist
und $(v_{i+1}|u_{i+1})\ \epsilon\ W$ das erste Element hinter $(v_i|u_i)$
bezüglich der Anordnung in W ist, so daß $\eta(v_{i+1}|u_{i+1})$
von allen $\eta(v_j|u_j)$ für $j=1,\ldots,i$ linear unabhängig ist,
$i=1,\ldots,q-1$.

Nach Definition von H_A besitzt diese Matrix als erste Spalte den Vektor η; ihr Rang ist wegen $n \geq q$ gleich q. Z.B. ist
H_A für den OA A in Beispiel 2:

$$H_A = \begin{pmatrix} 1 & 1/3 \\ 1 & 2/3 \\ 1 & 1/2 \\ 1 & 1/2 \end{pmatrix} = \begin{pmatrix} \eta & \eta(y|x) \end{pmatrix}.$$

Mit Hilfe der Matrix H_A lassen sich äquivalente Zustandsverteilungen charakterisieren.

<u>Hilfssatz 6</u>:
   i) Für zwei Zustandsverteilungen π und π' von A gilt:
   $\pi \sim \pi' \iff \pi H_A = \pi' H_A$.
   ii) Zwei Zustände z_i und z_j von A sind genau dann äquivalent, wenn die i-te und die j-te Zeile von H_A
   gleich sind.

<u>Beweis</u>: ii) ist eine inmittelbare Folgerung aus i). Wir
   beweisen i). Hierzu gelte $\pi \sim \pi'$, dann folgt
   $\pi\eta(v|u) = \pi'\eta(v|u)$ für alle $u\epsilon X^*$, $v \epsilon Y^*$ und $\pi\eta = \pi'\eta$
   für alle η, die Element einer Basis von V_A sind; also
   gilt $\pi H_A = \pi' H_A$, da die Spalten von H_A eine solche Basis bilden. Dieser Beweisschluß läßt sich direkt um-
   kehren, womit Hilfssatz 6 bewiesen ist.

Folgender Hilfssatz zeigt, daß Z-äquivalente reduzierte
stochastische Automaten stets die gleiche Matrix besitzen.

<u>Hilfssatz 7</u>: Es seien A und A' reduzierte SA mit $A \sim A'$.
   Dann gilt $H_A = H_{A'}$ bis auf eine eventuelle Permutation
   der Zeilen.

<u>Beweis</u>: Zunächst nehmen wir an, daß A und A' die gleiche
   Zustandsmenge besitzen und daß der Zustand z von A äquivalent zum Zustand z von A' ist (man beachte hier Hilfs-
   satz 5). Wenn man nun die Ergebnisvektoren $\eta(v|u)$ von A
   und $\eta'(v|u)$ von A' bezüglich der Anordnung von W auf-
   zählt, so gilt $\eta(v|u) = \eta'(v|u)$ für alle u und v (wegen
   obiger Voraussetzung über die Zustandsmengen und wegen
   der Reduziertheit von A und A'). Nach Definition 9 folgt
   dann aber $H_A = H_{A'}$. Im allgemeinen besitzen A und A'
   nicht die gleiche Zustandsmenge. Wegen Hilfssatz 5 können
   sich die Matrizen dann aber höchstens durch eine Permutation der Zeilen voneinander unterscheiden.

<u>Aufgabe</u>: Man zeige anhand eines Beispiels: wenn A und A'

reduzierte SA sind, dann folgt aus $H_A=H_{A'}$ im allgemeinen
nicht $A \sim A'$.

Wie diese Aufgabe zeigt, gilt die Umkehrung von Hilfssatz 7
nicht. Vielmehr müssen zusätzlich die definierenden Matri-
zenmengen der beiden Automaten einer Matrizengleichung genügen. Dies reicht aber bereits aus, um alle zu einem reduzierten SA Z-äquivalenten reduzierten SA mit gleicher Zustandsmenge zu charakterisieren, wie folgender Satz von
Carlyle ([9]) zeigt:

<u>Satz 4</u>: Es sei $A=(X,Y,Z;p)$ ein SA mit n Zuständen, der
   durch die Matrizenmenge $\{P(y|x) \mid y \in Y, x \in X\}$ defi-
   niert wird (siehe 1.3.2., Hilfssatz 2).
   i) Es sei $\{Q(y|x) \mid y \in Y, x \in X\}$ eine Menge nicht-
      negativer quadratischer Matrizen der Ordnung n, und
      es gelte
      $P(y|x) \cdot H_A = Q(y|x) \cdot H_A$ für alle $x \in X, y \in Y$.
      Dann definiert $\{Q(y|x) \mid y \in Y, x \in X\}$ einen SA A',
      der die gleiche Zustandsmenge wie A besitzt, und es
      gilt $z \sim z$, wobei z einmal als Zustand in A und ein-
      mal als Zustand in A' aufzufassen ist. Speziell folgt
      also $A \sim A'$.
   ii) Besitzen zwei SA A und A' dieselbe Zustandsmenge,
      gilt $z \sim z$ (im Sinne von i) und ist A' durch
      $\{Q(y|x) \mid y \in Y, x \in X\}$ definiert, dann gilt die
      Matrizengleichung
      $P(y|x) \cdot H_A = Q(y|x) \cdot H_A$ für alle $x \in X, y \in Y$.

Man beachte, daß ii die Umkehrung von i ist. Nimmt man an,
daß A und A' reduzierte SA sind, so kann man nach Hilfssatz 5 o.B.d.A. voraussetzen, daß ihre Zustandsmengen
gleich sind und daß $z \sim z$ (im Sinne von i) gilt. Dann
besagt Satz 4: bis auf Isomorphie erhält man alle zu A
Z-äquivalenten reduzierten SA als Lösung der Matrizenglei-
chung $P(y|x) \cdot H_A = Q(y|x) \cdot H_A$. Wir können daher alle zu
einem beliebigen SA reduzierten Automaten bis auf Isomorphie

charakterisieren, indem wir nach Satz 1 einen reduzierten SA konstruieren und Satz 4 anwenden.

Beweis von Satz 4:

zu i): Da π die erste Spalte von H_A ist, so gilt nach Voraussetzung $P(y|x) \cdot \pi = Q(y|x) \cdot \pi$. Bildet man die Summe über $y \in Y$, so erhält man

$$\sum_{y \in Y} Q(y|x) \cdot \pi = \sum_{y \in Y} P(y|x) \cdot \pi = P(x) \cdot \pi = \pi \; ,$$

d.h. die Menge $\{Q(y|x) \mid y \in Y, x \in X\}$ definiert einen SA A', da $\sum_{y \in Y} Q(y|x) = Q(x)$ stochastisch ist.

Man betrachte nun einen Zustand z. Wegen

$$\eta(y|x) = P(y|x) \cdot \pi = Q(y|x) \cdot \pi = \eta'(y|x)$$

(für alle $y \in Y$, $x \in X$) gilt $z \underset{1}{\sim} z$. Es sei $k \in \mathbb{N}$, und die Induktionsannahme $z \underset{k}{\sim} z$ möge richtig sein.

Dann gilt für alle $u \in X^*$, $v \in Y^*$, $x \in X$, $y \in Y$ mit $l(u)=l(v)=k$:

$$\eta(yv|xu) = P(y|x) \cdot \eta(v|u) = Q(y|x) \cdot \eta(v|u)$$

(da $\eta(v|u)$ eine Linearkombination der Spalten von H_A ist)

$$= Q(y|x) \cdot \eta'(v|u) \quad \text{(nach Induktionsannahme)}$$

$$= \eta'(yv|xu),$$

also folgt $z \underset{k+1}{\sim} z$ und damit $z \sim z$ und $A \sim A'$.

zu ii): Aus $z \sim z$ für alle Zustände z folgt $\eta(v|u) = \eta'(v|u)$ für alle $u \in X^*$, $v \in Y^*$. Also auch $\eta(yv|xu) = P(y|x) \cdot \eta(v|u) = Q(y|x) \cdot \eta(v|u)$. Da hierunter alle Spalten von H_A vorkommen, so gilt

$$P(y|x) \cdot H_A = Q(y|x) \cdot H_A \quad \text{für alle } x \in X, y \in Y.$$

Damit ist Satz 4 bewiesen.

Die Matrizengleichung in Satz 4 besitzt sicher dann nur eine Lösung, falls H_A nichtsingulär ist. Daher gilt folgendes

<u>Korollar</u>: Es sei A ein endlicher SA mit n Zuständen; die

Dimension von V_A sei q. Wenn n = q ist, dann ist A reduziert, und es existiert zu A bis auf Isomorphie kein
Z-äquivalenter reduzierter SA.

(Daß A reduziert ist, folgt sofort aus Hilfssatz 6 ii.)

Man könnte vermuten, daß die Umkehrung des Korollars gilt,
daß also n = q auch eine notwendige Bedingung ist. Wegen
der Nebenbedingung "Q(y|x) nichtnegativ" ist dies jedoch
falsch.

<u>Aufgaben</u>:
1) Daß die Umkehrung des Korollars nicht gilt, beweise man anhand des Automaten A = ({x},{y,y'},{1,2,3};p)
   mit

$$P(y|x) = \begin{pmatrix} 1 & 0 & 0 \\ 0 & 0 & 0 \\ \frac{1}{2} & 0 & 0 \end{pmatrix} \quad \text{und} \quad P(y'|x) = \begin{pmatrix} 0 & 0 & 0 \\ 0 & 1 & 0 \\ 0 & \frac{1}{2} & 0 \end{pmatrix}.$$

2) Man konstruiere den in Aufgabe c in 1.2.4. angegebenen SA. Man zeige, daß dieser SA nicht reduziert ist
   und daß zu ihm bis auf Isomorphie genau ein reduzierter Automat gehört, nämlich der in Fig.13 angegebene
   SA.

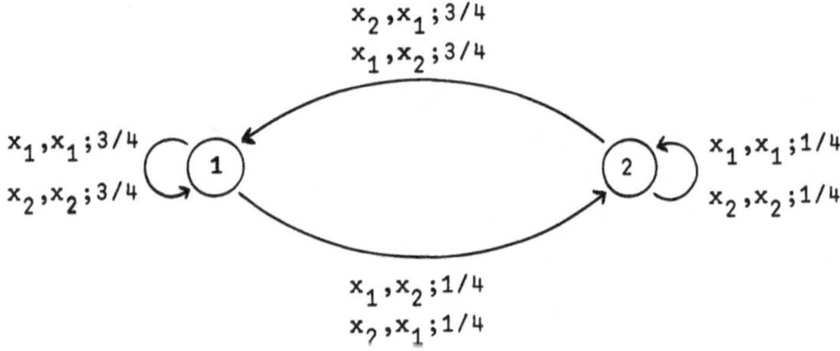

Fig.13

Dieser Automat (und damit auch der SA von Aufgabe c
in 1.2.4.) besitzt eine interessante Eigenschaft:
wenn er einmal bei Eingabe von x_i im Zustand 1 x_j

41

(mit $j \neq i$) ausgibt, so gibt er mit größter Wahrscheinlichkeit im nächsten Schritt ebenfalls das
Zeichen aus, das nicht eingegeben wurde. Nimmt man
an, daß der SA im Zustand 1 gestartet wird und die
Identität realisieren sollte (falls er nämlich determiniert wäre), dann macht der SA nur selten einen
einzigen Fehler, sondern meist zwei Fehler unmittelbar hintereinander.

3) Die Lösungen der Gleichung $P(y|x) \cdot H_A = Q(y|x) \cdot H_A$
hängen von einer gewissen Anzahl Parameter ab, die
in bestimmten Grenzen frei gewählt werden können.
Man gebe an, wie groß diese Anzahl höchstens sein
kann.

2.2. Minimale Automaten

2.2.1. Definition

Im Anschluß an die Sätze über reduzierte SA stellt sich
die Frage, ob man diese reduzierten Automaten nicht noch
weiter verkleinern kann. So könnte man versuchen solche
Zustände zu beseitigen, die zu einer Zustandsverteilung
(über die restlichen Zustände) äquivalent sind, d.h. man
versucht die kleinsten äquivalenten Automaten zu konstruieren. Hilfssatz 4 ii) legt folgende Definition nahe:

Definition 10:
   i) Ein SA heißt minimal, wenn es zu jedem Zustand z
      keine Zustandsverteilung π mit $z \sim \pi$ und $z \neq \pi$ gibt.
   ii) A' heißt zu A minimal, falls A' minimal ist und
       $A' \approx A$ gilt.

Im allgemeinen ist ein reduzierter SA nicht minimal, wie
folgendes Beispiel zeigt.

Beispiel 3: Wir betrachten den SA in Fig.12
   $A_2' = (\{x\}, \{y, y'\}, \{Z_1, Z_2, Z_3\}; p)$ mit

$$P(y|x) = \begin{pmatrix} 0 & 0 & 1/3 \\ 0 & 0 & 2/3 \\ 0 & 0 & 1/2 \end{pmatrix}, \qquad P(y'|x) = \begin{pmatrix} 0 & 0 & 2/3 \\ 0 & 0 & 1/3 \\ 0 & 0 & 1/2 \end{pmatrix};$$

dieser Automat trat bereits in Beispiel 2 (2.1.4.) auf.
Es ist

$$H_{A_2'} = \begin{pmatrix} 1 & 1/3 \\ 1 & 2/3 \\ 1 & 1/2 \end{pmatrix} \,,$$

und daher ist nach Hilfssatz 6 ii) der SA A_2' reduziert.
Es gilt aber $(1/2,1/2,0) \cdot H_{A_2'} = (0,0,1) \cdot H_{A_2'}$, d.h. nach
Hilfssatz 6 i) ist $Z_3 \sim (1/2,1/2,0)$. Also ist A_2' nicht
minimal. Wir werden in 2.2.2. sehen, wie man zu A_2' einen minimalen SA konstruieren kann.

Aufgaben: Man zeige, daß der in 2.1.5., Aufgabe i) angegebene SA reduziert, aber nicht minimal ist. Man untersuche,
ob der in 2.1.4., Beispiel 1 angegebene (determinierte)
SA minimal ist.

2.2.2. Konstruktion minimaler Automaten

Zunächst werden wir den zu Hilfssatz 5 analogen Hilfssatz 9
beweisen. Hierfür benötigen wir ein Ergebnis aus der linearen Algebra (Hilfssatz 8).

Definition 11: Eine quadratische Matrix M heißt eine
    Permutationsmatrix, wenn die Elemente von M nur aus
    Nullen und Einsen bestehen und wenn in jeder Zeile und
    in jeder Spalte von M genau eine 1 steht.

Multipliziert man eine Matrix M' mit einer Permutationsmatrix M, so unterscheiden sich M' und M$\cdot$M' nur durch
eine Permutation der Zeilen, M' und M'$\cdot$M nur durch eine
Permutation der Spalten voneinander. Der Leser möge dies
verifizieren. Weiterhin sind eine Permutationsmatrix und
ihre transponierte Matrix stochastische Matrizen.

Hilfssatz 8: M sei eine stochastische (m,n)-, N eine
    stochastische (n,m)- Matrix ($n,m \in I\!N \cup \{\infty\}$). E_n und E_m

seien die Einheitsmatrizen der Ordnungen m und n. Wenn $M \cdot N = E_m$ und $N \cdot M = E_n$ ist, dann ist n = m, und N und M sind Permutationsmatrizen.

Beweis: Matrizen sind lineare Operatoren zwischen den entsprechenden Vektorräumen. Da man einen niederdimensionalen Vektorraum nicht auf einen höherdimensionalen linear abbilden kann, so muß m = n sein.
Man betrachte nun ein beliebiges $i \epsilon \{1, \ldots, n\}$. Es gilt

$\sum_{j=1}^{n} m_{ij} n_{ji} = 1$. Da $m_{ij}, n_{ji} \geq 0$ sind, so muß ein r existieren mit $m_{ir} \neq 0$. Betrachte nun

$\sum_{k=1}^{n} n_{jk} m_{kr} = 0$. Da $m_{ir} \neq 0$ ist, so muß $n_{ji} = 0$ für $j \neq r$ sein. Also folgt $1 = \sum_{j=1}^{n} m_{ij} n_{ji} = m_{ir} n_{ri}$.

Da $m_{ir}, n_{ri} \leq 1$ sind, so ergibt sich $m_{ir} = n_{ri} = 1$. Also steht in jeder Zeile von M und in jeder Spalte von N genau eine 1. Vertauscht man im Beweis M und N, so erhält man unmittelbar, daß in jeder Zeile und in jeder Spalte von M und von N genau eine 1 steht, d.h. M und N sind Permutationsmatrizen.

<u>Hilfssatz 9</u>: Es seien A und A' minimale SA. Dann gilt:
   i) $A \approx A' \Longleftrightarrow A \sim A'$
     (vgl. Hilfssatz 4 iii) in 1.3.3.)
   ii) Wenn $A \approx A'$ ist, dann existiert eine bijektive Abbildung zwischen den Zustandsmengen der Automaten (d.h. die Zustandsmengen besitzen die gleiche Mächtigkeit).

Beweis: Aus i) folgt ii) mit Hilfe von Hilfssatz 5. Wir beweisen i). Wegen Hilfssatz 4 iii) genügt es zu zeigen, daß $A \sim A'$ aus $A \approx A'$ folgt. Die Zustandsmengen von A und A' seien $Z = \{z_1, \ldots, z_n\}$ und $Z' = \{z_1', \ldots, z_m'\}$ mit $n, m \epsilon I\!N \cup \{\infty\}$. Da $A \approx A'$ ist, so existieren zu $z_i \epsilon Z$ und $z_j' \epsilon Z'$ Zustandsverteilungen π_i' und π_j mit

$$z_i \sim \pi_i' = \sum_{j=1}^{m} c_{ij} z_j' \quad \text{und} \quad z_j' \sim \pi_j = \sum_{k=1}^{n} d_{jk} z_k. \quad \text{Daher gilt:}$$

$$z_i \sim \sum_{j=1}^{m} \sum_{k=1}^{n} c_{ij} d_{jk} z_k = \sum_{k=1}^{n} z_k \cdot \sum_{j=1}^{m} c_{ij} d_{jk}.$$

Da A minimal ist, so muß die rechte Seite der Gleichung gleich z_i sein, d.h.

$$\sum_{j=1}^{m} c_{ij} d_{jk} = \begin{cases} 1 & i=k \\ \\ 0 & i \neq k \end{cases}.$$

Setzt man $C = (c_{ij})_{\substack{i=1,\ldots,n \\ j=1,\ldots,m}}$ und $D = (d_{jk})_{\substack{j=1,\ldots,m \\ k=1,\ldots,n}}$

und bezeichnen E_n und E_m die Einheitsmatrizen der Ordnungen n und m, dann gilt also $C \cdot D = E_n$ und analog $D \cdot C = E_m$. Weiterhin sind C und D stochastische Matrizen, da ihre Zeilen Zustandsverteilungen sind. Nach Hilfssatz 8 folgt daher n = m, und C und D sind Permutationsmatrizen. Speziell erhält man, daß alle Zustandsverteilungen π_i und π_j' Einheitsvektoren, also Zustände sind. Es existiert daher zu jedem $z \varepsilon Z$ ein äquivalentes $z' \varepsilon Z'$ und umgekehrt, womit die Behauptung i) bewiesen ist. Wegen n = m folgt auch unmittelbar ii).

Bemerkung: Wir haben aus Hilfssatz 8 Hilfssatz 9 gefolgert. Eine genauere Betrachtung läßt aber erkennen, daß aus Hilfssatz 9 auch Hilfssatz 8 bewiesen werden kann. Die in Hilfssatz 9 angegebene Eigenschaft stochastischer Automaten ist daher nur eine Umformulierung eines Ergebnisses der linearen Algebra.

Wir stellen nun das Problem, wie man aus einem SA einen äquivalenten minimalen SA konstruieren kann. Dieses Problem ist bisher nicht allgemein gelöst, sondern nur für den Fall, daß die Anzahl der Zustände, die einer Zustandsverteilung äquivalent sind, endlich ist ([4],[66]).

<u>Satz 5</u>: Es sei A = (X,Y,Z;p) ein reduzierter SA. Es sei
$\tilde{Z}$:= {z ε Z | es existiert eine Zustandsverteilung
$\qquad\qquad$ $\pi \neq$ z von A mit z $\sim \pi$}.
Wenn $\tilde{Z}$ endlich ist, dann gibt es einen zu A minimalen
SA. Insbesondere besitzt jeder endliche SA einen minimalen SA.

Beweis: O.B.d.A. seien $\tilde{Z}$ = {z_1,...,z_r} und Z = {z_1,...z_r,
z_{r+1},...,z_n} mit r ε $\mathbb{N}$ und nε $\mathbb{N}\cup\{\infty\}$. Man setze
Z' = {z_{r+1},...,z_n}. Wir werden zunächst zeigen, daß es
zu jedem z ε $\tilde{Z}$ eine Zustandsverteilung über Z' gibt,
die zu z äquivalent ist (hierbei benötigen wir die Voraussetzung, daß A reduziert ist).
Nach Voraussetzung existiert zu z_1 ein $\pi_1'' = \sum\limits_{j=1}^{n} \pi_{1j}'' z_j$

mit $z_1 \neq \pi_1''$ und $\pi_1'' \sim z_1$. Wegen $z_1 \neq \pi_1''$ muß $\pi_{11}'' \neq 1$ sein
und daher folgt aus $\pi_1'' \sim z_1$:

$z_1 \sim \sum\limits_{j=2}^{n} \dfrac{\pi_{1j}''}{1-\pi_{11}''} \cdot z_j$. Man setze $\pi_{1j}' = \dfrac{\pi_{1j}''}{1-\pi_{11}''}$ für j $\geq$ 2

und $\pi_{11}' = 0$, dann gilt für $\pi_1' = \sum\limits_{j=1}^{n} \pi_{1j}' z_j$: $\pi_1' \sim z_1$.

Induktionsannahme:
$\qquad$ Für ein k mit 1 $\leq$ k < r gelte: zu jedem z_i mit
$\qquad$ i = 1,...,k existiert eine Zustandsverteilung π_i'
$\qquad$ mit $\pi_i' \sim z_i$ und $\pi_{i1}' = \pi_{i2}' = \ldots = \pi_{ik}' = 0$.

Wir betrachten nun z_{k+1}. Nach Voraussetzung existiert
ein $\pi_{k+1}'' \neq z_{k+1}$ mit $\pi_{k+1}'' \sim z_{k+1}$. Dann folgt

$z_{k+1} \sim \sum\limits_{j=1}^{k} \pi_{k+1,j}'' z_j \;+\; \pi_{k+1,k+1}'' z_{k+1} \;+\; \sum\limits_{j=k+2}^{n} \pi_{k+1,j}'' z_j$

$\sim \sum\limits_{j=1}^{k} \pi_{k+1,j}'' \cdot \left(\sum\limits_{m=k+1}^{n} \pi_{j,m}' z_m \right) \;+\; \pi_{k+1,k+1}'' z_{k+1}$

$\qquad\qquad\qquad\qquad +\; \sum\limits_{j=k+2}^{n} \pi_{k+1,j}'' z_j$ (nach Induktions-
$\qquad\qquad\qquad\qquad\qquad\qquad\qquad\qquad$ annahme)

$= \tilde{\pi}_{k+1,k+1} z_{k+1} \;+\; \sum\limits_{j=k+2}^{n} \tilde{\pi}_{k+1,j} z_j$, wobei $\tilde{\pi}_{k+1,j} = \pi''_{k+1,j} + \sum_{m=1}^{k} \pi''_{k+1,m} \cdot \pi'_{m,j}$ für $j \geq k+1$ ist.

Wir nehmen an: $\tilde{\pi}_{k+1,k+1} = 1$, dann folgt

$$\pi''_{k+1,k+1} + \sum_{m=1}^{k} \pi''_{k+1,m} \cdot \pi'_{m,k+1} = 1.$$ Aus der Voraussetzung

$\pi''_{k+1} \neq z_{k+1}$ folgt $\pi''_{k+1,k+1} \neq 1$. Hieraus und aus

$$\sum_{m=1}^{k+1} \pi''_{k+1,m} \leq 1 \quad \text{und} \quad \pi'_{m,k+1} \leq 1 \quad (\text{für alle } m) \text{ folgt: es}$$

existiert ein s mit $1 \leq s \leq k$ und $\pi''_{k+1,s} \neq 0$ und

$\pi'_{s,k+1} = 1$; dies heißt aber: $z_s \sim z_{k+1}$, im Widerspruch

dazu, daß A reduziert ist.

Also gilt $\tilde{\pi}_{k+1,k+1} < 1$, und man erhält:

$$z_{k+1} \sim \sum_{j=k+2}^{n} \frac{\tilde{\pi}_{k+1,j}}{1-\tilde{\pi}_{k+1,k+1}} \cdot z_j .$$

Man setze $\pi'_{k+1,j} = \dfrac{\tilde{\pi}_{k+1,j}}{1-\tilde{\pi}_{k+1,k+1}}$ für $j \geq k+2$

und $\pi'_{k+1,j} = 0$ für $j \leq k+1$, dann gilt $z_{k+1} \sim \pi'_{k+1}$.

Um die Induktionsannahme für k+1 zu beweisen, betrachten wir abschließend ein i mit $1 \leq i \leq k$. Nach Induktionsannahme gilt

$$z_i \sim \pi'_{i,k+1} z_{k+1} + \sum_{j=k+2}^{n} \pi'_{i,j} \cdot z_j$$

$$\sim \sum_{j=k+2}^{n} (\pi'_{i,k+1} \cdot \pi'_{k+1,j} + \pi'_{i,j}) \cdot z_j .$$

Damit ist gezeigt, daß die Induktionsannahme auch für k+1 gilt. Für k+1=r folgt nun: zu jedem $z_i \in \tilde{Z}$ existiert eine äquivalente Zustandsverteilung über Z', d.h. zu jedem $z_i \in \tilde{Z}$ existiert ein π_i mit $\pi_i \sim z_i$ und $\pi_{i1} = \pi_{i2} = \ldots = \pi_{ir} = 0$.

Ein zu A minimaler SA A' darf die Menge $\tilde{Z}$ nicht enthalten; man wird daher Z' als Zustandsmenge von A' wählen.

Als Überführungswahrscheinlichkeiten von z nach z_j wird man die entsprechenden Wahrscheinlichkeiten von A verwenden, aber vermehrt um den zu z_j gehörenden Anteil der Wahrscheinlichkeit, um von z in einen Zustand von $\tilde{Z}$ zu gelangen. Man setze daher $A' = (X,Y,Z';p')$ mit

$$p'(y,z_j|x,z) := p(y,z_j|x,z) + \sum_{i=1}^{r} \pi_{i,j} \cdot p(y,z_i|x,z)$$

$$\text{für alle } x \in X, \ y \in Y, \ z,z_j \in Z'.$$

Wir werden nun zeigen, daß $A \approx A'$ gilt. Hierzu seien $O_{i,k}$ die Nullmatrix, die aus i Zeilen und k Spalten besteht, E_i die quadratische Einheitsmatrix der Ordnung i und Π die $(r,n-r)$-Matrix

$$\Pi = \begin{pmatrix} \pi_{1,r+1} \cdots \cdots \pi_{1,n} \\ \vdots \qquad\qquad \vdots \\ \vdots \qquad\qquad \vdots \\ \pi_{r,r+1} \cdots \cdots \pi_{r,n} \end{pmatrix}$$

Weiterhin seien eine $(n-r,n)$-Matrix Q und eine $(n,n-r)$-Matrix S folgendermaßen definiert:

$$Q = \begin{pmatrix} O_{n-r,r} & E_{n-r} \end{pmatrix}, \qquad S = \begin{pmatrix} \Pi \\ E_{n-r} \end{pmatrix}.$$

Man verifiziert leicht, daß

$$SQ = \begin{pmatrix} O_{r,r} & \Pi \\ O_{n-r,r} & E_{n-r} \end{pmatrix} \qquad \text{ist, woraus wegen } z_i \sim \pi_i$$

(für $i=1,\ldots,r$) sofort $SQ \cdot \eta(v|u) = \eta(v|u)$ für alle $u \in X^*, \ v \in Y^*$ folgt. Weiterhin gilt offenbar:
$Q \cdot P(y|x) \cdot S = P'(y|x)$ für alle $x \in X, \ y \in Y$.
Wir behaupten nun, daß $\eta'(v|u) = Q \cdot \eta(v|u)$ für alle $u \in X^*, \ v \in Y^*$ gilt. Für $u = v = e$ ist dies sicher richtig. Wir nehmen an, daß die Gleichung für alle u und v mit $l(u) = l(v) \leq k$ für ein $k \geq 0$ bewiesen ist. Dann gilt für $x \in X, \ y \in Y$:

$$\eta'(yv|xu) = P'(y|x) \cdot \eta'(v|u) \qquad \text{nach Hilfssatz 3}$$
$$= Q \cdot P(y|x) \cdot S \cdot \eta'(v|u) \qquad \text{siehe oben}$$
$$= Q \cdot P(y|x) \cdot S \cdot Q \cdot \eta(v|u) \qquad \text{nach Annahme}$$
$$= Q \cdot P(y|x) \cdot \eta(v|u) \qquad \text{siehe oben}$$
$$= Q \cdot \eta(yv|xu) \qquad \text{nach Hilfssatz 3,}$$

also gilt $\eta'(v|u) = Q \cdot \eta(v|u)$ für alle u und v. Nach
Definition von Q besteht der Vektor $Q \cdot \eta(v|u)$ genau aus
den letzten $(n-r)$ Komponenten von $\eta(v|u)$. Daher gilt
$z \sim z$ für alle $z \in Z'$, wobei z einmal als Zustand von
A und einmal als Zustand von A' aufzufassen ist. Wegen
$z_i \sim \pi_i$ für $z_i \in \tilde{Z}$, wobei π_i (wie oben bewiesen) als
Zustandsverteilung über Z' aufgefaßt werden kann, exi-
stiert zu jedem $z \in Z$ eine äquivalente Zustandsverteilung von A' und zu jedem $z' \in Z'$ eine solche von A.
Nach Hilfssatz 4 in 1.3.3. folgt $A \approx A'$.
Daß A' minimal ist, folgt unmittelbar aus der Definition
von $\tilde{Z}$. Also ist A' zu A minimal, womit Satz 5 bewiesen
ist.

<u>Bemerkung</u>: Man kann A' aus A auch sukzessive konstruieren,
indem man immer einen Zustand eliminiert. Wenn $z_1 \in Z$
äquivalent zu einer Verteilung $(0, \pi_2, \pi_3, \ldots, \pi_n) = \pi$ ist,
dann setze man $A'' = (X, Y, Z''; p'')$ mit $Z'' = Z \smallsetminus \{z_1\}$ und
$$p''(y, z_j|x, z) := p(y, z_j|x, z) + \pi_j \cdot p(y, z_1|x, z)$$
$$\text{für alle } x \in X, \ y \in Y, \ z, z_j \in Z''.$$
r-malige Hintereinanderausführung dieses Verfahrens führt
ebenfalls zu dem im Beweis zu Satz 5 angegebenen SA A'.

<u>Bemerkung</u>: Wir befinden uns nun bereits im abstrakten Teil
der Automatentheorie. Während die Konstruktion eines reduzierten Automaten (2.1.2.) eine konkrete Anwendung haben
kann (siehe Aufgabe ii) in 2.1.5. und das Beispiel in 1.2.5.),
so ist dies bei der Konstruktion minimaler SA sehr frag-
lich, da es in konkreten Fällen schwierig ist, eine Zustandsverteilung zu realisieren. Eine gewisse Anwendbar-
keit könnte jedoch bei Simulationen stochastischer Automaten auf Rechenanlagen gegeben sein.

<u>Aufgaben</u>:

i) Man zeige: zu einem SA $A = (X,Y,Z;p)$ existiert dann und
nur dann ein minimaler SA, wenn es zu jedem
$z \in \tilde{Z} = \{\zeta \in Z \mid$ es existiert ein $\pi' \sim \zeta$ mit $\pi' \neq \zeta\}$
eine Zustandsverteilung π über $Z \sim \tilde{Z}$ gibt mit $\pi \sim z$.

ii) Mit Hilfe des Konstruktionsverfahrens von Satz 5 er-
mittele man einen zu A_2' minimalen Automaten, wobei A_2'
der in Beispiel 3, 2.2.1., angegebene SA ist.

iii) Man zeige: ist $A \sim A'$, A minimal und A' reduziert,
dann ist A' minimal.

iv) A' sei ein zu A minimaler SA. Man beweise, daß es dann
zu jedem Zustand in A' einen äquivalenten Zustand in A
gibt. (Bemerkung: Dies ist eine leichte Verallgemeinerung von Hilfssatz 9; der Beweis kann in der gleichen
Weise wie der von Hilfssatz 9 geführt werden. Man beachte, daß Aufgabe iii) hieraus unmittelbar folgt.)

2.2.3. Entscheidbarkeit der Äquivalenz

Um zu einem ESA effektiv einen minimalen SA nach Satz 5
konstruieren zu können, muß man zu einem Zustand z entscheiden können, ob es eine äquivalente Zustandsverteilung $\pi \neq z$ gibt. Dieses Problem führt auf ein lineares
Optimierungsproblem, das lösbar ist, woraus die Entscheidbarkeit der Äquivalenz folgt (Satz 7). Wie bei dem entsprechenden Problem bei der Z-Äquivalenz ist auch hier nur
die Matrix H_A (siehe 2.1.5.) wesentlich, die spezielle
Struktur der Automaten wird nirgends verwendet.

<u>Definition 12</u>: Ein Vektor a heißt konvexe Linearkombina-
tion der Vektoren $b_1, \ldots, b_m$ $(m \in \mathbb{N} \cup \{\infty\})$, falls es
nichtnegative Zahlen $c_1, \ldots, c_m$ gibt mit

$$\sum_{i=1}^{m} c_i = 1 \quad \text{und} \quad a = \sum_{i=1}^{m} c_i b_i.$$

<u>Hilfssatz 10</u>: Ein SA A ist dann und nur dann nicht minimal,
wenn es eine Zeile von H_A gibt, die konvexe Linearkom-

bination der übrigen Zeilen ist.

Beweis: A ist genau dann nicht minimal, wenn ein Zustand z_i und eine Zustandsverteilung $\pi \neq z_i$ mit $z_i \sim \pi$ existieren. Wie im Beweis zu Satz 5 angegeben kann man π so wählen, daß die i-te Komponente $\pi_i = 0$ ist. Nach Hilfssatz 6 i) (in 2.1.5.) gilt $z_i \sim \pi$ genau dann, wenn $z_i H_A = \pi H_A$ ist. Diese Gleichung bedeutet aber, daß die i-te Zeile von H_A konvexe Linearkombination der übrigen Zeilen ist (beachte: $\pi_i = 0$), was zu zeigen war.

Wir geben nun einen Algorithmus an, um die Bedingung von Hilfssatz 10 für jede Zeile i von H_A zu testen. Hierzu sei $H_A =: H$ eine (n,q)-Matrix, d.h. H enthalte n Zeilen $h_1, \ldots, h_n$ und q Spalten (wobei die 1. Spalte nur aus Einsen besteht). O.B.d.A. untersuchen wir, ob $z_n \sim \pi \neq z_n$ gilt, d.h. ob h_n konvexe Linearkombination der $h_1, \ldots, h_{n-1}$ ist. In diesem Fall existieren $c_1, \ldots, c_{n-1}$ mit $c_j \geq 0$ (j=1,\ldots,n-1) und mit

$$\sum_{j=1}^{n-1} c_j = 1 \text{ , und es gilt } h_n = \sum_{j=1}^{n-1} c_j h_j \ .$$

Es sei $h_{i,k}$ die k-te Komponente des Vektors h_i, dann erhält man die q Gleichungen $h_{n,k} = \sum_{j=1}^{n-1} c_j h_{j,k}$ für k=1,..,q.

Addiert man zur k-ten Gleichung auf der rechten Seite eine nichtnegative Zahl c_{n-1+k}, dann ändert sich nichts an obiger Gleichung, falls alle diese Zahlen Null sind, d.h.

falls $\sum_{k=1}^{q} c_{n-1+k} = 0$ ist. Man betrachte daher das erweiterte Gleichungssystem $h_n = c\tilde{H}$, wobei $c = (c_1, c_2, \ldots, c_{n-1}, \ldots, c_{n-1+q})$, $\tilde{H} = \begin{pmatrix} h_1 \\ \vdots \\ h_{n-1} \\ E_q \end{pmatrix}$ und E_q die Einheitsmatrix der

Ordnung q sind. Es gilt also:

$$h_n = \sum_{j=1}^{n-1} c_j h_j \qquad \text{(konvexe Linearkombination)}$$

$$\Longleftrightarrow$$

$$h_n = c \cdot \tilde{H} \text{ mit } \sum_{j=1}^{q} c_{n-1+j} = 0 \text{ und } c_i \geq 0 \text{ für } i=1,\ldots,n-1+q$$

$$\Longleftrightarrow$$

Die lineare Optimierungsaufgabe $h_n = c \cdot \tilde{H}$

mit $c_i \geq 0$ für $i=1,\ldots,n-1+q$ und der Zielfunktion
$\sum_{j=1}^{q} c_{n-1+j} =: C \longrightarrow$ Minimum besitzt eine Lösung mit $C = 0$.

(Man beachte, daß die Nebenbedingung $\sum_{i=1}^{n-1} c_i = 1$ sich daraus

ergibt, daß die erste Spalte von II nur aus Einsen besteht.)

Nach der Theorie der linearen Optimierung ist diese Aufgabe algorithmisch lösbar. Es gilt also ([18]):

<u>Hilfssatz 11</u>: Es sei A ein ESA, dessen Matrizen nur rationale Zahlen als Elemente besitzen. Dann ist es zu jedem Zustand z entscheidbar, ob es eine Zustandsverteilung $\pi \neq z$ mit $z \sim \pi$ gibt.

<u>Bemerkung</u>: Man kann allgemeinere Körper als den Körper der rationalen Zahlen angeben, für die Hilfssatz 11 gilt.

<u>Aufgabe</u>: Man zeige: Läßt man in obiger linearer Optimierungsaufgabe die n-te Zeile in $\tilde{H}$ und das n-te Element c_n von c weg, so ist die neu entstandene (etwas einfachere) Optimierungsaufgabe ebenfalls damit gleichwertig, daß h_n konvexe Linearkombination der übrigen Zeilen von H ist.

Wir formulieren nun das bisher wichtigste Ergebnis für die Reduktion endlicher Automaten.

<u>Satz 7</u>: Es seien A und A' zwei ESA, deren Matrizen nur rationale Zahlen als Elemente besitzen.
i) Es gibt einen Algorithmus, um nachzuprüfen, ob A reduziert oder/und minimal ist.

ii) Zu A kann man effektiv einen reduzierten und einen
minimalen SA konstruieren.

iii) Es gibt einen Algorithmus, um nachzuprüfen, ob eine
der Relationen $A \sim A'$, $A \approx A'$, $A \geq A'$, $A' \geq A$ gilt.

Beweis: Mit Hilfe von Satz 2 und des Korollars von Satz 2
(2.1.3.) kann man nachprüfen, ob A reduziert ist und ob
$A \sim A'$ gilt. Mit Satz 1 und Satz 2 kann man zu A einen
reduzierten SA effektiv konstruieren.

Aus Hilfssatz 11 folgt: man kann feststellen, ob A minimal ist. Zusammen mit Satz 5 kann man einen zu A minimalen Automaten effektiv konstruieren.

Seien nun A und A' beliebige ESA. Dann konstruiere man
zu A und A' je einen minimalen SA A_1 und A_1'. Für A_1 und
A_1' kann man nachprüfen, ob $A_1 \sim A_1'$ gilt. Wegen $A \approx A_1$
und $A' \approx A_1'$ und wegen Hilfssatz 9 i) gilt $A \approx A'$ dann
und nur dann, wenn $A_1 \sim A_1'$ ist, d.h. $A \approx A'$ läßt sich
nachprüfen.

Aus A und A' konstruiere man den im Beweis zum Korollar
von Satz 2 (2.1.3.) angegebenen SA $\tilde{A}$. Offenbar gilt:
$A \geq A' \Longleftrightarrow A \approx \tilde{A}$, d.h. auch die Relation "$\geq$" läßt sich
nachprüfen.

Damit ist Satz 7 bewiesen.

Mit Satz 4 und Hilfssatz 9 sind zugleich alle zu einem SA
reduzierten und alle minimalen SA charakterisiert.

2.2.4. Das Beispiel von Even

In 2.1.4. haben wir gezeigt, daß es Z-äquivalente reduzierte SA gibt, die nicht isomorph sind. Diese Tatsache gilt
auch für minimale SA, wie folgendes Beispiel zeigt ([18]),
das wir aus historischen Gründen hier anführen. Ein Beispiel mit nur vier Zuständen wird in 2.2.6.(Beispiel 7)
entwickelt.

Beispiel 4:
Es seien $X = \{s,t\}$, $Y = \{a,b,c\}$ und $Z = \{z_1,\ldots,z_5\}$.

Man betrachte die SA $A = (X,Y,Z;p)$ und $A' = (X,Y,Z;p')$,
die durch Fig.14 und Fig.15 definiert sind.

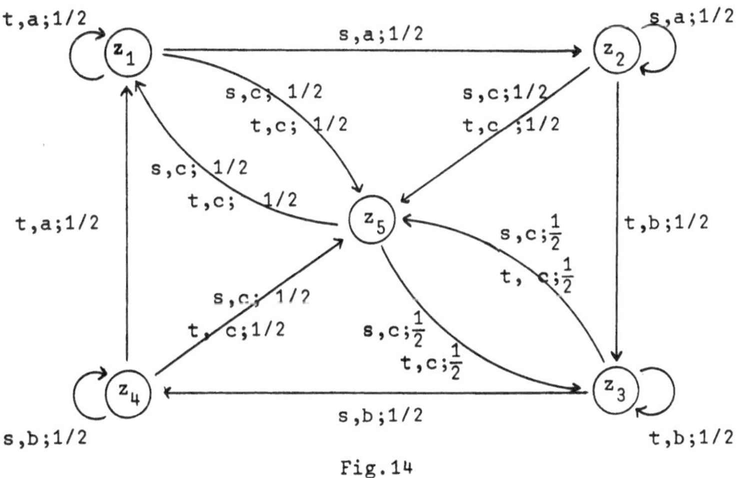

Fig.14

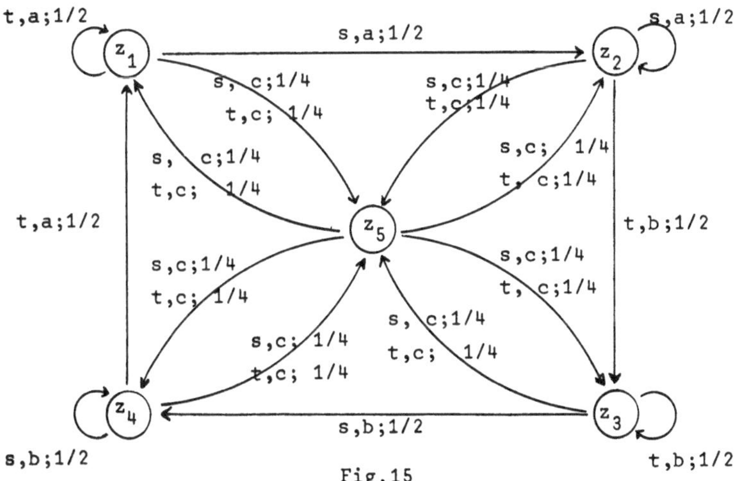

Fig.15

Die definierenden Matrizen lauten:

$$P(a|s) = \begin{pmatrix} 0 & 1/2 & 0 & 0 & 0 \\ 0 & 1/2 & 0 & 0 & 0 \\ 0 & 0 & 0 & 0 & 0 \\ 0 & 0 & 0 & 0 & 0 \\ 0 & 0 & 0 & 0 & 0 \end{pmatrix} \qquad P(a|t) = \begin{pmatrix} 1/2 & 0 & 0 & 0 & 0 \\ 0 & 0 & 0 & 0 & 0 \\ 0 & 0 & 0 & 0 & 0 \\ 1/2 & 0 & 0 & 0 & 0 \\ 0 & 0 & 0 & 0 & 0 \end{pmatrix}$$

$$P(b|s) = \begin{pmatrix} 0 & 0 & 0 & 0 & 0 \\ 0 & 0 & 0 & 0 & 0 \\ 0 & 0 & 0 & 1/2 & 0 \\ 0 & 0 & 0 & 1/2 & 0 \\ 0 & 0 & 0 & 0 & 0 \end{pmatrix} \qquad P(b|t) = \begin{pmatrix} 0 & 0 & 0 & 0 & 0 \\ 0 & 0 & 1/2 & 0 & 0 \\ 0 & 0 & 1/2 & 0 & 0 \\ 0 & 0 & 0 & 0 & 0 \\ 0 & 0 & 0 & 0 & 0 \end{pmatrix}$$

$$P(c|s) = \begin{pmatrix} 0 & 0 & 0 & 0 & 1/2 \\ 0 & 0 & 0 & 0 & 1/2 \\ 0 & 0 & 0 & 0 & 1/2 \\ 0 & 0 & 0 & 0 & 1/2 \\ 1/2 & 0 & 1/2 & 0 & 0 \end{pmatrix} = P(c|t)$$

Es gilt: $P(a|s) = P'(a|s)$, $P(b|s) = P'(b|s)$, $P(a|t) = P'(a|t)$, $P(b|t) = P'(b|t)$ und

$$P'(c|s) = \begin{pmatrix} 0 & 0 & 0 & 0 & 1/2 \\ 0 & 0 & 0 & 0 & 1/2 \\ 0 & 0 & 0 & 0 & 1/2 \\ 0 & 0 & 0 & 0 & 1/2 \\ 1/4 & 1/4 & 1/4 & 1/4 & 0 \end{pmatrix} = P'(c|t).$$

H_A ergibt sich als die Matrix, die aus den Ergebnisvektoren η, $\eta(a|s)$, $\eta(a|t)$ und $\eta(c|s)$ besteht, d.h.

$$H_A = \begin{pmatrix} 1 & 1/2 & 1/2 & 1/2 \\ 1 & 1/2 & 0 & 1/2 \\ 1 & 0 & 0 & 1/2 \\ 1 & 0 & 1/2 & 1/2 \\ 1 & 0 & 0 & 1 \end{pmatrix}.$$

Man sieht unmittelbar, daß $H_A = H_{A'}$ ist (da wir zeigen wollen, daß $A \approx A'$ ist und A und A' minimal sind, so ist dies wegen Hilfssatz 7 und Hilfssatz 9 notwendig). In H_A ist

nun keine Zeile konvexe Linearkombination der übrigen
Zeilen. Man betrachte z.B. die 1. Zeile (1, 1/2, 1/2, 1/2).
Kann man sie als konvexe Linearkombination der übrigen
Zeilen darstellen, dann müssen die 2. Zeile und die 4.
Zeile in dieser Summe mit dem Faktor 1 auftreten (da sonst
die 2. und 3. Komponente der 1. Zeile nicht erzeugt werden
können). Dann ist die Linearkombination aber sicher nicht
konvex. Analog folgt, daß die 2. und 4. Zeile sich nicht
als konvexe Linearkombination schreiben lassen. Bei der
5. Zeile braucht man nur die letzte 1 und bei der 3. Zeile
nur die zwei Nullen und die letzte Komponente zu betrachten. Damit ist gezeigt: A und A' sind minimale SA (siehe
auch Beispiel 6 in 2.2.6.).
Mit Hilfe von Satz 4 sieht man sofort, daß $A \sim A'$ ist,
und somit gilt $A \approx A'$. Offenbar sind aber A und A' nicht
isomorph. Wir haben also folgenden Satz bewiesen:

Satz 8: Es gibt stochastische Automaten A und A' mit
   i) A und A' sind minimal,
   ii) $A \approx A'$,
   iii) A und A' sind nicht isomorph.

(Bemerkung: Wegen Hilfssatz 9 folgt hieraus Satz 3 in
1.2.4.)

Aufgabe:Man zeige: anstelle von A' kann man auch einen
SA A'' = (X,Y,Z;p'') verwenden, der bis auf

$$P''(c|s) = \begin{pmatrix} 0 & 0 & 0 & 0 & 1/2 \\ 0 & 0 & 0 & 0 & 1/2 \\ 0 & 0 & 0 & 0 & 1/2 \\ 0 & 0 & 0 & 0 & 1/2 \\ \alpha & \beta & \alpha & \beta & 0 \end{pmatrix} = P''(c|t)$$

mit $\alpha + \beta = 1/2$, $\alpha, \beta \geq 0$ sonst beliebig
die gleichen Matrizen wie A besitzt.

2.2.5. Starkreduzierte Automaten

Wir haben in der Definition von "minimal" nur verlangt, daß
es keinen Zustand geben darf, der zu einer Verteilung äquivalent ist. Eine spezielle Klasse von minimalen Automaten
erhält man durch die zusätzliche Forderung, daß je zwei
Verteilungen nicht äquivalent sind.

<u>Definition 13</u>: Ein SA heißt genau dann starkreduziert, wenn
je zwei verschiedene Zustandsverteilungen nicht äquivalent sind. A' heißt zu A starkreduziert, falls A' starkreduziert ist und $A \approx A'$ gilt.

Jeder starkreduzierte SA ist zugleich minimal, aber nicht
jeder minimale SA ist starkreduziert, wie das Beispiel von
Even (2.2.4.) zeigt: der dort angegebene SA A ist minimal,
jedoch gilt $(1/2,0,1/2,0,0) \sim (0,1/2,0,1/2,0)$, wie man mit
Hilfssatz 6 (1.2.5.) sofort einsieht.

<u>Hilfssatz 12</u>: Es sei A ein ESA mit n Zuständen. A ist ge-
nau dann starkreduziert, wenn H_A den Rang n besitzt.
Beweis: Wir nehmen an, A sei starkreduziert und H_A besitzt
nicht den Rang n. Dann existiert ein n-dimensionaler
Vektor $a \neq 0$ mit $a \cdot H_A = 0$ (=Nullvektor). Da die erste
Spalte von H_A nur aus Einsen besteht, so muß

$\sum\limits_{i=1}^{n} a_i = 0$ sein. Es sei a^+ der Vektor, der sich aus a

ergibt, indem man die negativen Komponenten durch 0 ersetzt, und es sei $a^- = a^+ - a$. Man dividiere a^+ und a^-
durch die Zeilensumme von a^+ (falls diese Null ist, so
ist $a = 0$ im Widerspruch zu $a \neq 0$) und erhält so zwei
n-dimensionale Zustandsverteilungen π^+ und π^-, für die
gilt: $(\pi^+ - \pi^-) H_A = 0$, d.h. $\pi^+ H_A = \pi^- H_A$.
Nach Hilfssatz 6 folgt: $\pi^+ \sim \pi^-$. Da A starkreduziert ist,
muß $\pi^+ = \pi^-$, d.h. $a^+ = a^-$ sein, woraus $a = 0$ folgt im
Widerspruch zu $a \neq 0$. Also ist die Annahme falsch, und
H_A besitzt den Rang n.
Besitzt umgekehrt H_A den Rang n, so folgt wegen Hilfs-

satz 6, daß je zwei verschiedene Verteilungen nicht
äquivalent sind, d.h. aber: A ist starkreduziert. Damit
ist Hilfssatz 12 bewiesen.

Aus dem Korollar zu Satz 4 (2.1.5.) und aus Hilfssatz 12
folgt: Wenn es zu einem ESA A einen starkreduzierten SA A'
gibt, dann besitzt A bis auf Isomorphie genau einen minimalen SA (nämlich A'). Diese Aussage gilt allgemein:

<u>Satz 9</u>: Es sei A ein SA.
   i) Gibt es zu A einen starkreduzierten SA A', so be-
      sitzt A bis auf Isomorphie genau einen minimalen
      SA (nämlich A').
   ii) Ist A endlich, dann kann man effektiv nachprüfen,
       ob A starkreduziert ist.

Beweis:
   zu i): A' möge durch die Matrizen $P(y|x)$, ein anderer
   zu A minimaler SA A" durch die Matrizen $Q(y|x)$ gegeben
   sein. Wegen Hilfssatz 9 kann man annehmen, daß A und A'
   die gleiche Zustandsmenge besitzen und daß $z \sim z$ gilt
   (einmal ist z als Zustand von A und einmal als Zustand
   von A' aufzufassen). Es gilt $\eta'(v|u) = \eta''(v|u)$ und
   $\eta'(yv|xu) = P(y|x) \cdot \eta'(v|u) = Q(y|x)\eta''(v|u) = \eta''(yv|xu)$
   für alle $x \in X$, $y \in Y$, $u \in X^*$, $v \in Y^*$, d.h. es gilt
   $(P(y|x) - Q(y|x))\eta'(v|u) = 0$. Falls $P(y|x) \neq Q(y|x)$
   ist, dann existiert ein Zeilenvektor $a \neq 0$ von
   $P(y|x) - Q(y|x)$ mit $a \cdot \eta'(v|u) = 0$ für alle $u \in X^*$,
   $v \in Y^*$. Da die Summe der nichtnegativen Komponenten
   von a nicht größer als eine Zeilensumme von $P(y|x)$,
   also höchstens 1 sein kann, so kann man wie im Beweis
   zu Hilfssatz 12 a in a^+ und a^- zerlegen und aus diesen
   π^+ und π^- gewinnen. Nun gilt $(\pi^+ - \pi^-)\eta'(v|u) = 0$, d.h.
   $\pi^+\eta'(v|u) = \pi^-\eta'(v|u)$ für alle $u \in X^*$, $v \in Y^*$.
   Also sind π^+ und π^- äquivalent. Da A starkreduziert ist,
   muß $\pi^+ = \pi^-$ sein, woraus $a = 0$ und damit $P(y|x) = Q(y|x)$
   für alle x und y folgt. Also sind A' und A" isomorph.
   zu ii): Diese Aussage folgt sofort aus Hilfssatz 12.

Damit es zu einem SA A einen starkreduzierten SA A' gibt,
ist nach Satz 9 notwendig, daß zu A bis auf Isomorphie
nur ein minimaler SA existiert. Der in Beispiel 4 (2.2.4.)
angegebene SA ist daher zwar minimal, aber nicht starkreduziert. Man beachte: "starkreduziert" ist keine konstruk-
tive Eigenschaft eines SA, d.h.man kann nicht zu einem
beliebigen SA einen starkreduzierten äquivalenten SA konstruieren. Dagegen sind die Eigenschaften "reduziert" und
"minimal" konstruktiv, wie Satz 7 zeigt.

<u>Aufgaben:</u>

    i) Man zeige: jeder reduzierte SA mit 2 Zuständen ist
       starkreduziert.

   ii) Man zeige: jeder minimale SA mit 3 Zuständen ist
       starkreduziert.

  iii) Man untersuche folgendes Problem: Gibt es mini-
       male SA mit 4 Zuständen, die nicht starkreduziert
       sind? (Für 5 Zustände: siehe Beispiel 4.)

2.2.6. Geometrische Interpretation

Nach den bisherigen Untersuchungen könnte man stochastische
Automaten in drei Klassen unterteilen:

K_1: Klasse der SA, zu denen es mehrere nichtisomorphe mi-
    nimale SA gibt,

K_2: Klasse der SA, zu denen es bis auf Isomorphie genau
    einen minimalen SA gibt,

K_3: Klasse der SA, zu denen es keinen minimalen SA gibt.

Die Klasse K_2 kann man unterteilen in

K_{2a}: Klasse der SA, zu denen ein starkreduzierter SA exi-
    stiert,

K_{2b}: Klasse der SA aus K_2, die nicht in K_{2a} liegen.

Wir haben gesehen, daß K_1 nicht leer ist (Beispiel 4),
daß K_{2a} nicht leer ist (Aufgabe ii) in 2.2.5.); weiter
unten zeigen wir in Beispiel 7, daß K_{2b} nicht leer ist.
Ungelöst ist bisher die Frage, ob K_3 leer ist; falls K_3
nicht leer ist, dann enthält K_3 nach Satz 5 nur unend-

liche SA.

Es stellt sich nun das Problem, wie man einem SA leicht
ansehen kann, ob er reduziert, minimal oder starkreduziert
ist oder zu welcher der oben angegebenen Klassen er gehört. Da diese Eigenschaften nur von der Matrix H_A abhängen, so liegt es nahe, die Vektoren dieser Matrix geometrisch zu interpretieren. Es sei also eine (n,q)-Matrix
H_A mit den Zeilenvektoren $h_1,\ldots,h_n$ gegeben. Diese n Vektoren spannen ein $(q-1)$-dimensionales Simplex

$$Q_A := \{h \mid h = \sum_{i=1}^{n} c_i h_i, \text{ mit } c_i \geq 0 \text{ und } \sum_{i=1}^{n} c_i = 1\} \quad \text{auf.}$$

Aus Hilfssatz 6, 10 und 12 entnimmt man nun sofort:

A ist nicht reduziert $\Longleftrightarrow$ Zwei der Q_A erzeugenden Vektoren sind gleich.

A ist nicht minimal $\Longleftrightarrow$ Einer der Q_A erzeugenden Vektoren liegt nicht in einer
Ecke von Q_A.

A ist nicht starkreduziert $\Longleftrightarrow$ Q_A besitzt nicht die
die Dimension $n-1$.

Als Beispiele betrachten wir einige Matrizen H. Da die
erste Spalte von H nur aus Einsen besteht, lassen wir die
erste Komponente der Zeilenvektoren (ab Beispiel 6) fort.

Beispiel 5: Wir betrachten die SA A, A_1' und A_2' von Beispiel 2
(2.1.4.). Es ist

$$H_A = \begin{pmatrix} 1 & 1/3 \\ 1 & 2/3 \\ 1 & 1/2 \\ 1 & 1/2 \end{pmatrix}$$
, woraus sofort folgt, daß A nicht
reduziert ist. Weiter ist

$$H_{A_1'} = H_{A_2'} = \begin{pmatrix} 1 & 1/3 \\ 1 & 2/3 \\ 1 & 1/2 \end{pmatrix}.$$

Aus Fig. 16 entnimmt man: das von $h_1=(1,1/3)$, $h_2=(1,2/3)$
und $h_3=(1,1/2)$ aufgespannte Simplex $Q_{A_1'}$ ist ein Teil-
stück einer Geraden, in dessen Ecken nur h_1 und h_2 liegen.

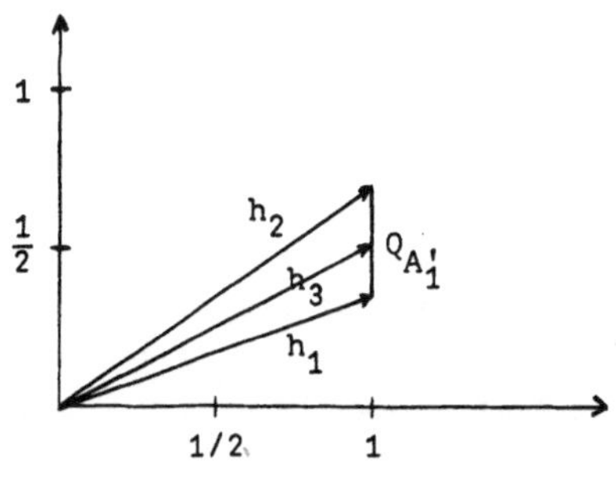

Fig.16

Also sind A_1' und A_2' nicht minimal.

<u>Beispiel 6</u>: Wir untersuchen den SA A von Even (2.2.4.).
Er besitzt die Matrix

$$H_A = \begin{pmatrix} 1 & 1/2 & 1/2 & 1/2 \\ 1 & 1/2 & 0 & 1/2 \\ 1 & 0 & 0 & 1/2 \\ 1 & 0 & 1/2 & 1/2 \\ 1 & 0 & 0 & 1 \end{pmatrix} .$$

Wir betrachten die fünf Zeilenvektoren $h_1'=(1/2,1/2,1/2)$,
$h_2'=(1/2,0,1/2)$, $h_3'=(0,0,1/2)$, $h_4'=(0,1/2,1/2)$ und
$h_5'=(0,0,1)$, wobei die erste Komponente weggelassen
wurde. Aus Fig. 17 entnimmt man: diese fünf Vektoren

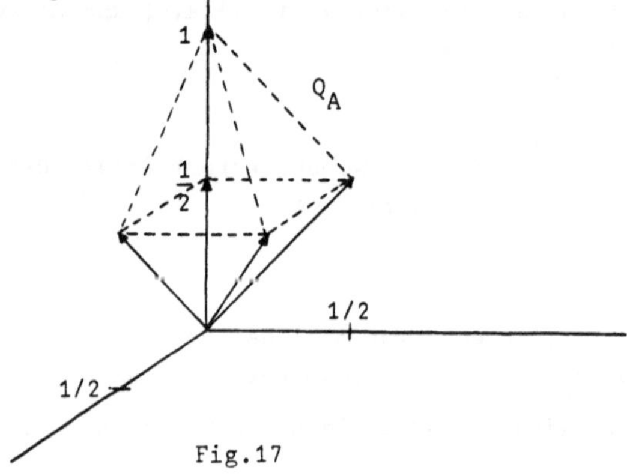

Fig.17

spannen eine Pyramide (mit quadratischer Grundfläche
und mit der Spitze über einer der Ecken der Grundfläche) auf. Die Vektoren weisen in die Ecken der Pyramide; daher ist A minimal. Die vollständigen Zeilenvektoren $h_1,\ldots,h_5$ spannen ein 3-dimensionales Simplex
auf; daher ist A nicht starkreduziert.

<u>Beispiel 7</u>: Wir geben nun einen Automaten mit 4 Zustän-
den an, der in der Klasse K_{2b} liegt. Dieser SA muß
eine Matrix H mit 3 Spalten besitzen (hätte H nur 2
Spalten, dann wäre der SA nicht minimal; man zeige
dies!). Wir betrachten nun die vier zweidimensionalen
Vektoren $h_1',\ldots,h_4'$. Diese müssen in die Ecken einer
zweidimensionalen Fläche F zeigen. Wir wählen
$h_1',\ldots,h_4'$ wie in Fig.18 angegeben,

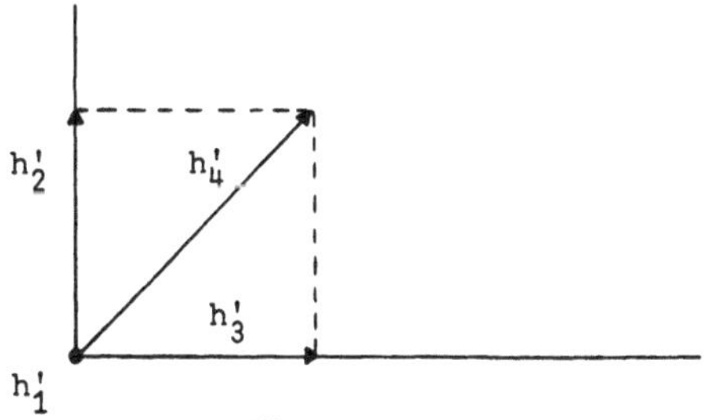

Fig.18

d.h. wir wählen $h_1' = (0,0)$, $h_2' = (0,1)$, $h_3' = (1,0)$
und $h_4' = (1,1)$, und erhalten als F das Einheitsquadrat.

$$\text{Dann ist } H = \begin{pmatrix} 1 & 0 & 0 \\ 1 & 0 & 1 \\ 1 & 1 & 0 \\ 1 & 1 & 1 \end{pmatrix}.$$

Wenn es einen SA A gibt mit $H_A = H$, dann ist A minimal,
aber nicht starkreduziert.

Man kann zeigen, daß ein SA A, für den $H_A = H$ gilt,
mindestens zwei Eingabesymbole besitzen muß (siehe unten Aufgabe i)). Da weiterhin H nur zwei Spalten neben
η besitzt, so genügt es, wenn wir annehmen, A besitze

das Eingabealphabet $X = \{x_1, x_2\}$. Weiterhin sei das Ausgabealphabet $Y = \{y_1, y_2\}$. Es seien o.B.d.A. $\mathcal{W}$, $P(y_1|x_1) \cdot \mathcal{W}$ und $P(y_1|x_2) \cdot \mathcal{W}$ die drei Spalten von H. Nach den Überlegungen im Beweis zu Satz 2 (2.1.3.) müssen die vier Matrizen, die A definieren, folgender Bedingung genügen: Die Spalten von $P(y_j|x_i) \cdot H$ müssen Linearkombinationen der Spalten von H sein. (Diese Bedingung ist dann auch schon hinreichend!) Wenn man dieses Gleichungssystem allgemein ansetzt, so erhält man auf Grund der speziellen Gestalt von H, daß die $P(y_j|x_i)$ von folgender Form sein müssen:

$$P(y_1|x_1) = \begin{pmatrix} 0 & 0 & 0 & 0 \\ 0 & 0 & 0 & 0 \\ p_1 & p_2 & p_3 & p_4 \\ p_1' & p_2' & p_3' & p_4' \end{pmatrix} \qquad P(y_2|x_1) = \begin{pmatrix} q_1 & q_2 & q_3 & q_4 \\ q_1' & q_2' & q_3' & q_4' \\ 0 & 0 & 0 & 0 \\ 0 & 0 & 0 & 0 \end{pmatrix}$$

$$P(y_1|x_2) = \begin{pmatrix} 0 & 0 & 0 & 0 \\ s_1 & s_2 & s_3 & s_4 \\ 0 & 0 & 0 & 0 \\ s_1' & s_2' & s_3' & s_4' \end{pmatrix} \qquad P(y_2|x_2) = \begin{pmatrix} t_1 & t_2 & t_3 & t_4 \\ 0 & 0 & 0 & 0 \\ t_1' & t_2' & t_3' & t_4' \\ 0 & 0 & 0 & 0 \end{pmatrix}$$

mit den Nebenbedingungen

$$\left. \begin{array}{l} \displaystyle\sum_{i=1}^{4} r_i = 1 \\[2ex] \displaystyle\sum_{i=1}^{4} r_i' = 1 \\[2ex] r_2 + r_4 = r_2' + r_4' \\[1ex] r_3 + r_4 = r_3' + r_4' \end{array} \right\} \qquad \text{für } r = p, q, s, t.$$

Andererseits reichen diese Bedingungen bereits aus, damit $H_A = H$ gilt. Wir erhalten also eine 16-parametrige Schar von SA A, für die $H_A = H$ gilt. Wir geben in Fig.19-22 vier solche Automaten A_1, A_2, A_3 und A_4 an:

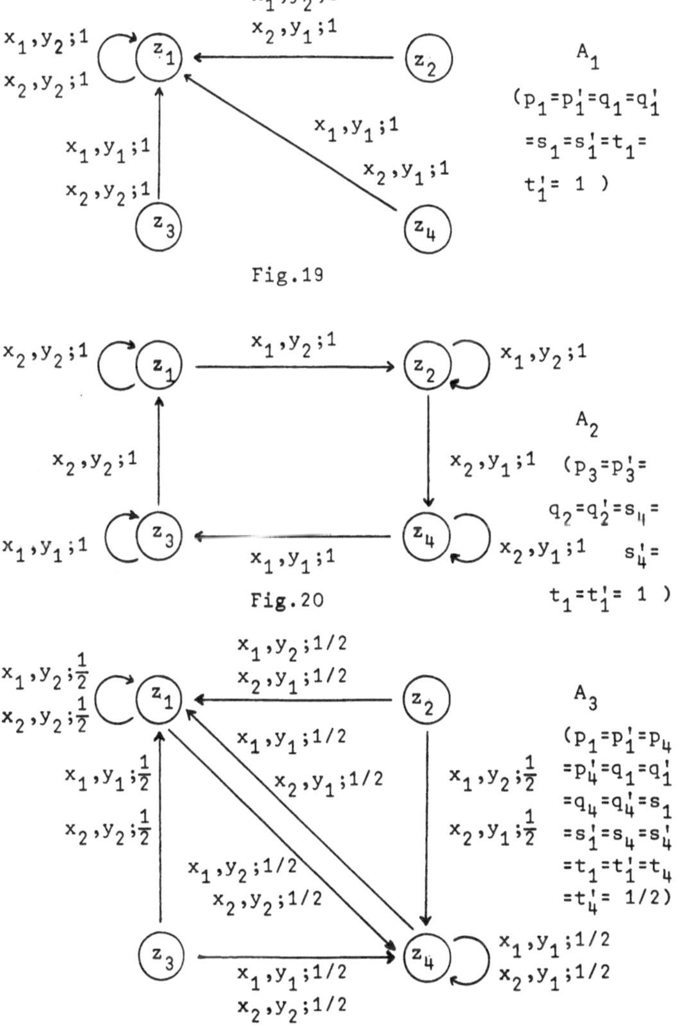

Fig.19

Fig.20

Fig.21

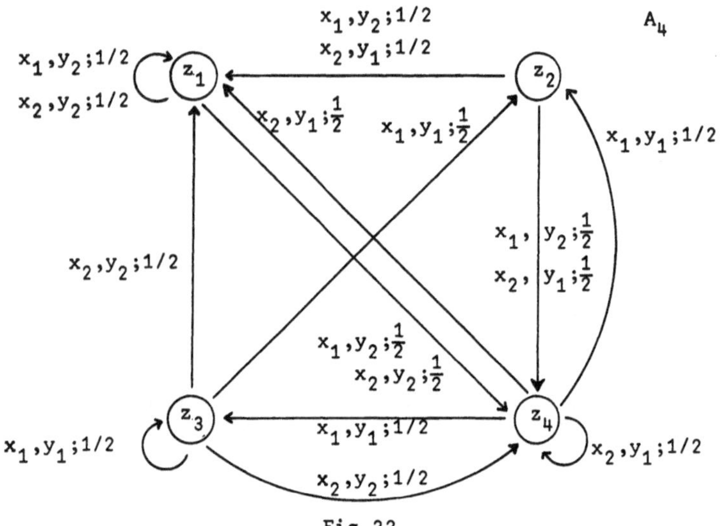

Fig.22

Alle vier Automaten besitzen H als Matrix. Für sie alle
gilt daher: sie sind minimal, aber nicht starkreduziert,
da z.B. $(1/2,0,0,1/2) \sim (0,1/2,1/2,0)$ für jeden der
Automaten gilt.

Mit Hilfe von Satz 4 (2.1.5.) stellt man leicht fest,
daß A_1 und A_2 in K_{2b} liegen, d.h. alle zu A_1 (bzw. A_2)
äquivalenten minimalen SA sind isomorph zu A_1 (bzw. A_2).
Mit dem gleichen Satz prüft man sofort $A_3 \sim A_4$ nach,
womit wir ein Beispiel mit 4 Zuständen gefunden haben,
das Satz 8 erfüllt. (Wegen Aufgabe ii) in 2.2.5. benötigt man hierfür auch mindestens 4 Zustände!)

Mit Beispiel 7 haben wir noch einmal demonstriert, daß die
im Zusammenhang mit den Relationen "$\sim$" und "$\approx$" auftretenden Fragestellungen sich meist in einfache Fragestellungen
der linearen Algebra verwandeln lassen. Zugleich wurde
angegeben, wie man Gegenbeispiele effektiv konstruiert.
Auch Even wird sein Beispiel (2.2.4.) in analoger Weise
gefunden haben; darauf weist auch die große Ähnlichkeit

des SA A_2 in Beispiel 7 mit Evens Beispiel hin (es fehlt
nur der "mittlere" Zustand z_5, und z_3 und z_4 wurden um-
benannt).

Aufgaben:

i) Man zeige: es gibt keinen SA A mit einelementigem
Eingabealphabet, der die Matrix

$$H_A = \begin{pmatrix} 1 & 0 & 0 \\ 1 & 0 & 1 \\ 1 & 1 & 0 \\ 1 & 1 & 1 \end{pmatrix}$$ besitzt (vgl. Beispiel 7).

ii) Man überzeuge sich, daß auf Grund der geometrischen
Interpretation die Aufgaben i) und ii) in 2.2.5.
trivial sind.

iii) Man zeige ($[18]$): Zu jeder (n,q)-Matrix H mit
$q \leq n$, deren erste Spalte nur aus Einsen besteht
und deren übrige Elemente aus dem reellen Intervall
$[0,1]$ sind, existiert ein SA
$A = (\{x_1,\ldots,x_{q-1}\},\{y_1,y_2\},\{z_1,\ldots,z_n\};p)$ mit $H_A = H$.
(Hinweis: Man setze $P(y_1|x_i) = (0\ldots0h_{i+1})$, wobei
h_{i+1} die (i+1)-te Spalte von H ist. Man vergesse im
Fall $q < n$ nicht zu beweisen, daß H_A nicht mehr
Spalten als H besitzen kann.)

iv) Man überlege sich, was es geometrisch bedeutet,
wenn es zu einem reduzierten (oder minimalen) SA
äquivalente nichtisomorphe reduzierte (oder minimale) SA gibt. Diese Frage wird u.a. in $[41]$ untersucht.

2.3. Überdeckungen (Stochastische Homomorphie)

2.3.1. Definition

Wir haben in 2.1. und 2.2. gezeigt, wie man stochastische
Automaten bzgl. ihrer Zustandszahl verkleinern kann, ohne
daß ihre Leistungsfähigkeit verändert wird. Will man die
Zustandszahl weiter verringern und zugleich die Leistungsfähigkeit aufrecht erhalten, so wird man versuchen, einen

SA A durch einen kleineren SA A' zu überdecken (siehe
1.3.3.). Ott ([44]) untersuchte daher folgendes Problem:
Unter welchen Bedingungen gibt es zu einem (minimalen)
SA A einen SA A' mit A' $\geqq$ A? Dieses sehr komplizierte
Problem, das im wesentlichen noch nicht gelöst ist, soll
hier nicht behandelt werden; wir wollen uns mit einer
Charakterisierung der Relation "$\geqq$" in diesem Abschnitt
begnügen.

Wir wollen nun eine lineare Abbildung (Homomorphismus)
α des $\mathbb{R}^n$ in den $\mathbb{R}^m$ mit folgender Eigenschaft betrach-
ten: α soll die Ergebnisvektoren $\eta(v|u)$ eines SA A mit
n Zuständen auf die Ergebnisvektoren $\eta'(v|u)$ eines SA A'
mit m Zuständen abbilden. Bekanntlich kann man α durch
eine (m,n)-Matrix B darstellen. Dann soll also
$B \cdot \eta(v|u) = \eta'(v|u)$ gelten. Alle Zeilensummen von B müssen
wegen $B\eta(e|e) = \eta'(e|e)$ gleich Eins sein. Gilt weiterhin,
daß die Komponenten $\eta_j'(v|u)$ ein gewichtetes Mittel der
$\eta_1(v|u),\ldots,\eta_n(v|u)$ sein sollen (d.h. B ist nichtnegativ),
dann werden wir A und A' stochastisch homomorph nennen,
da nun B eine stochastische Matrix ist.

<u>Definition 14</u>: Es seien A = (X,Y,Z;p) und A' = (X,Y,Z';p')
zwei SA mit n bzw. m Zuständen. A' heißt genau dann
zu A stochastisch homomorph, wenn eine stochastische
(m,n)-Matrix B existiert mit: $\eta'(v|u) = B \cdot \eta(v|u)$
für alle u $\in$ X*, v $\in$ Y*. (Symbol: A $\overset{s}{\longrightarrow}$ A')

2.3.2. Überdeckungen und stochastische Homomorphie

Es sei b_j in Definition 14 die j-te Zeile der Matrix B,
dann gilt: $\eta_j'(v|u) = b_j \cdot \eta(v|u)$, d.h. der j-te Zustand
von A' ist äquivalent zur Zustandsverteilung b_j von A.
Daher ist folgender Hilfssatz nicht überraschend.

<u>Hilfssatz 13</u>: Seien A und A' zwei SA mit gleichem Einga-
bealphabet und gleichem Ausgabealphabet. Dann gilt:
A $\overset{s}{\longrightarrow}$ A' $\Longleftrightarrow$ A $\geqq$ A'.

Beweis: Falls A $\xrightarrow{\sim}$ A' gilt, dann ist die j-te Zeile b_j
von B (in Definition 14) eine Zustandsverteilung von A,
die äquivalent zum j-ten Zustand von A' ist. Nach Hilfssatz 4 i) folgt A $\geq$ A'.

Falls umgekehrt A $\geq$ A' ist, dann gibt es nach Hilfssatz 4
zu jedem $z_j' \in Z'$ eine Zustandsverteilung b_j von A mit
$z_j' \sim b_j$. Es sei B die Matrix mit den Zeilen $b_1, b_2, \ldots,$
dann folgt aus $\eta_j'(v|u) = b_j \cdot \eta(v|u)$ für alle u,v und j
sofort: $B \cdot \eta(v|u) = \eta'(v|u)$ für alle Wörter u und v,
d.h. A $\xrightarrow{\sim}$ A'.

2.3.3. Verträglichkeit mit H_A

Reduktionseigenschaften eines stochastischen Automaten A
spiegeln sich in seiner Matrix H_A. Wenn A $\xrightarrow{\sim}$ A' gilt,
so interessieren die Reduktionseigenschaften von A', wenn
die für A bekannt sind. Hierüber macht folgender Hilfssatz
eine Aussage ([44],[49]).

<u>Hilfssatz 14</u>: Für zwei SA A und A' mit gleichem Eingabe-
alphabet X und gleichem Ausgabealphabet Y gelte
A $\xrightarrow{\sim}$ A' mit stochastischer (m,n)-Matrix B. Dann entsteht $H_{A'}$ aus $B \cdot H_A$ durch Streichen linear abhängiger
Spalten. Sind die Spalten von $B \cdot H_A$ linear unabhängig,
dann gilt: $H_{A'} = B \cdot H_A$.

Beweis: Man setze: $C := B \cdot H_A$. Die Spalten von H_A seien
$\eta_1, \eta_2, \ldots, \eta_q$; dann sind $\eta_i' := B \cdot \eta_i$ für i=1,...,q
die Spalten von C. Da jeder Ergebnisvektor $\eta(v|u)$ von
A eine Linearkombination der Vektoren $\eta_1, \ldots, \eta_q$ ist,
so ist $\eta'(v|u) = B \cdot \eta(v|u)$ eine Linearkombination der
Vektoren $B \cdot \eta_1 = \eta_1', \ldots, B \cdot \eta_q = \eta_q'$ für alle $u \in X^*$,
$v \in Y^*$. Also erzeugen die Spalten von C alle Ergebnis-
vektoren von A.

Streicht man nun aus C in der Reihenfolge der Anordnung der Spalten die Spalten weg, die Linearkombinationen früherer Spalten sind, so erhält man eine Matrix
C'; wir behaupten, daß $C' = H_{A'}$ ist. Um dies zu bewei-

sen nehmen wir $C' \neq H_{A'}$ an. Dann sei $\eta'(v_o|u_o)$ der
erste Ergebnisvektor (bzgl. der Anordnung in W, siehe
2.1.5.), der in $H_{A'}$, aber nicht in C' als Spalte auf-
tritt. Dann kann der entsprechende Ergebnisvektor
$\eta(v_o|u_o)$ von A nicht Spalte von H_A sein, da wegen
$B \cdot H_A = C$ dann $B \cdot \eta(v_o|u_o) = \eta'(v_o|u_o)$ Spalte von C'

wäre. Also gilt $\eta(v_o|u_o) = \sum_{i=1}^{j} a_i \eta_i$ (mit reellen

Koeffizienten a_i) für ein $j \leq q$, wobei $\eta_1, \ldots, \eta_j$ bzgl.
der Anordnung in W vor $\eta(v_o|u_o)$ liegen (siehe Definition
9 in 2.1.5.). Weiterhin ist $j \geq 1$, da die ersten Spalten
von $H_{A'}$ und C' gleich sind (sie bestehen nur aus Ein-
sen). Nach Voraussetzung über $\eta'(v_o|u_o)$ sind die Vek-
toren $B \cdot \eta_i$ entweder Spalten von $H_{A'}$ (und C') oder sie
sind Linearkombinationen der Vektoren $B \cdot \eta_k$ (mit $k < i$).

Also gilt $\eta'(v_o|u_o) = B \cdot \eta(v_o|u_o) = \sum_{i=1}^{j} a_i (B \cdot \eta_i)$,

d.h. $\eta'(v_o|u_o)$ ist eine Linearkombination von Spalten
von $H_{A'}$, was im Widerspruch zur Definition von $H_{A'}$
steht. Wir haben somit gezeigt, daß jede Spalte von
$H_{A'}$ auch Spalte von C' ist. Da die Spalten von C' nach
Konstruktion linear unabhängig sind und alle Ergebnisvektoren von A' erzeugen, so folgt $C' = H_{A'}$.
Im Fall, daß die Spalten von $B \cdot H_A$ linear unabhängig
sind, folgt $C = C' = H_{A'} = B \cdot H_A$. Damit ist Hilfssatz 14
vollständig bewiesen.

Die Umkehrung von Hilfssatz 14 gilt nicht, wie man sich
anhand der Automaten A_1 und A_2 von Fig.19 und 20 über-
zeugen kann. Die Gleichheit von $H_{A'}$ und $B \cdot H_A$ reicht also
nicht aus, um auf stochastische Homomorphie zu schließen.
Berücksichtigt man dagegen noch die definierenden Matrizen,
so erhält man eine weitere Charakterisierung der stochastischen Homomorphie (bzw. Überdeckungen).

Satz 10: Es seien A = (X,Y,Z;p) und A' = (X,Y,Z';p') zwei
SA mit n, bzw. m Zuständen. Dann sind folgende drei
Aussagen gleichwertig:

i) $A \xrightarrow{\sim} A'$

ii) $A \geq A'$

iii) Es existiert eine stochastische (m,n)-Matrix B mit:
$B \cdot P(y|x) \cdot H_A = P'(y|x) \cdot B \cdot H_A$ für alle $x \in X$, $y \in Y$.

Beweis: Die Gleichwertigkeit von i) und ii) wurde als Hilfssatz 13 bewiesen. Wir beweisen die Gleichwertigkeit
von i) und iii):

$A \xrightarrow{\sim} A' \iff$ es existiert eine stochastische (m,n)-
Matrix B mit $B \cdot \eta(v|u) = \eta'(v|u)$ für alle $u \in X^*$,
$v \in Y^*$

$\iff B \cdot \eta(v|u) = \eta'(v|u)$ für alle u,v mit $l(u)=l(v)\geq 1$
(da B stochastisch ist, gilt stets
$B \cdot \eta(e|e) = \eta'(e|e)$)

$\iff B \cdot P(y|x) \cdot \eta(v|u) = P'(y|x) \cdot \eta'(v|u)$
für alle $x \in X, y \in Y, u \in X^*$, $v \in Y^*$

$\iff B \cdot P(y|x) \cdot \eta(v|u) = P'(y|x) \cdot B \cdot \eta(v|u)$

$\iff B \cdot P(y|x) \cdot H_A = P'(y|x) \cdot B \cdot H_A$ für alle $x \in X, y \in Y$,
da die Spalten von H_A eine Basis der Menge der
Ergebnisvektoren von A sind.

Damit ist Satz 10 bewiesen.

Bemerkung: Da $A \geq A'$ aus $A \approx A'$ folgt, so ist iii) für
Automaten mit $A \approx A'$ eine notwendige Bedingung. Das gleiche gilt für $A \sim A'$. Vergleiche hierzu Satz 4!

2.3.4. Zwei Probleme

Ott ([44]) untersuchte das Problem, durch Überdeckungen
die Anzahl der Zustände eines SA zu verringern, d.h. er
untersuchte die Frage, ob es zu einem gegebenen SA A'
einen SA A mit weniger Zuständen gibt, so daß $A \geq A'$ gilt
(siehe Aufgabe iii)).
Dieses Problem ist nicht trivial und erweist sich als
äußerst kompliziert. Betrachtet man Satz 10 iii), so be-

sagt das Problem von Ott: Zu gegebenen Matrizen $P'(y|x)$
finde man ein $m < n$, eine stochastische (m,n)-Matrix B
und (m,m)-Matrizen $P(y|x)$, deren zugehöriger Automat A
eine Matrix H_A besitzt, so daß $B \cdot P(y|x) \cdot H_A = P'(y|x) \cdot B \cdot H_A$
gilt. Paz ([49]) schlug daher vor, zunächst ein analoges
Problem zu untersuchen, nämlich die Frage, ob es zu einem
gegebenen SA A einen SA A' mit weniger Zuständen gibt, so
daß $A \geq A'$ gilt, d.h. man sucht einen kleineren überdeck-
ten SA. Dieses Problem erscheint einfacher, da in Satz 10
iii) die Matrix H_A nun gegeben ist, während sie sich beim
Ottschen Problem aus den gesuchten Matrizen erst ergibt.
Paz konnte zeigen, daß die beiden Probleme voneinander
unabhängig sind (d.h. es gibt SA, die das Ottsche, aber
nicht das Pazsche Problem lösen, und umgekehrt).
Die beiden Probleme sind nur teilweise gelöst. Man macht
sich leicht klar, daß sie schwieriger sind als Äquiva-
lenzprobleme; denn die Eigenschaft, reduziert, minimal
oder starkreduziert zu sein, hängt nur von der Matrix H_A
ab, während bei der Eigenschaft, nicht überdeckbar zu sein,
zusätzlich die definierenden Matrizen $P(y|x)$ wesentlich
sind.

Aufgaben

i) Man zeige zum Problem von Ott: Ist A' starkreduziert,
dann gibt es keinen SA A mit weniger Zuständen, so
daß $A \geq A'$ gilt.

ii) Man zeige zum Problem von Paz: Zu dem SA A_2 (Fig.20)
in Beispiel 7 existiert kein SA A' mit höchstens drei
Zuständen, so daß $A_2 \geq A'$ gilt. (Das Problem von
Paz ist also nicht trivial.)
Man untersuche, ob es einen SA A mit höchstens drei
Zuständen gibt, so daß $A \geq A_2$ gilt.

iii) Man zeige anhand eines Beispiels: Es gibt minimale
SA A', zu denen Automaten A mit weniger Zuständen
existieren, so daß $A \geq A'$ gilt. (Mit Überdeckungen
kann man also die Zustandszahl weiterhin verringern.)

2.4. Homomorphismen

2.4.1. Definition

Um zwei stochastische Automaten miteinander zu verglei-
chen, haben wir bisher ihr Verhalten untersucht, wie es
sich einem außen stehenden Beobachter bietet. Wir wollen
nun Automaten bezüglich ihrer inneren Struktur verglei-
chen. Hierzu betrachten wir Abbildungen $\phi : Z \to Z'$ zwischen
zwei stochastischen Automaten $A = (X,Y,Z;p)$ und $A' =$
$(X,Y,Z';p')$. Von ϕ wird verlangt, daß die "Arbeitsweise"
von A auf A' übertragen wird. Wenn z.B. für $z,z_1,z_2 \in Z$
gilt: $\phi(z) = z'$, $\phi(z_1) = \phi(z_2) = z_1'$ (siehe Fig.23),

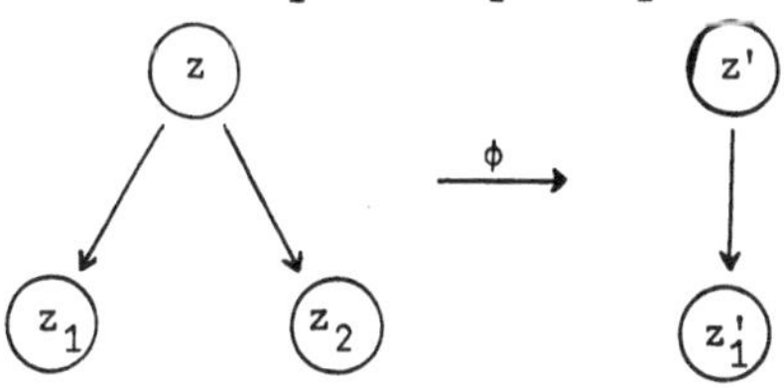

Fig.23

dann wird man fordern: die Wahrscheinlichkeit, um von z
in z_1 oder z_2 zu gelangen, muß gleich der Wahrscheinlichkeit sein, um von z' in z_1' zu kommen, d.h.
$$p'(y,z_1' | x,z') = p(y,z_1 | x,z) + p(y,z_2 | x,z)$$
$$= p(y,\phi^{-1}(z_1') | x,z),$$
wobei $\phi^{-1}(\tilde{z})$ wie üblich die Menge der Urbilder von $\tilde{z}$
unter ϕ bezeichnet.

Wenn man noch zuläßt, daß A und A' auch verschiedene Ein-
und Ausgabealphabete besitzen dürfen, dann erhält man
folgende

<u>Definition 15</u>: Es seien $A_1 = (X_1,Y_1,Z_1;p_1)$ und
$A_2 = (X_2,Y_2,Z_2;p_2)$ zwei SA.
$\phi = (\phi_x,\phi_y,\phi_z)$ heißt Homomorphismus von A_1 in A_2, wenn
i) $\phi_x : X_1 \longrightarrow X_2$, $\phi_y : Y_1 \longrightarrow Y_2$ und $\phi_z : Z_1 \longrightarrow Z_2$
Abbildungen sind und
ii) für alle $x \in X_1$, $y \in Y_1$ und $z,z' \in Z_1$ gilt:

$$p_1(\phi_y^{-1}\phi_y(y),\ \phi_z^{-1}\phi_z(z')|x,z)$$
$$= p_2(\phi_y(y),\ \phi_z(z')|\phi_x(x),\ \phi_z(z)).$$

($\phi_y^{-1}\phi_y(y)$ ist die Menge aller $y' \in Y$ mit $\phi_y(y) = \phi_y(y')$, analog: $\phi_z^{-1}\phi_z(z')$.)

<u>Bezeichnungen</u>: Einen Homomorphismus $\phi = (\phi_x,\phi_y,\phi_z)$ nennen wir injektiv, surjektiv oder bijektiv, falls ϕ_x, ϕ_y und ϕ_z injektiv, surjektiv oder bijektiv sind. Bijektive Homomorphismen bezeichnen wir - wie üblich - als Isomorphismen. ϕ heißt ein Z-Homomorphismus, falls $X_1 = X_2$, $Y_1 = Y_2$ und ϕ_x und ϕ_y die Identität auf X_1 bzw. Y_1 sind. Ist zusätzlich ϕ_z surjektiv, so nennen wir ϕ einen Z-Epimorphismus von A_1 auf A_2 und schreiben als Symbol $\phi : A_1 \longrightarrow A_2$. Bei Z-Epimorphismen schreiben wir im allgemeinen auch ϕ statt ϕ_z ($\phi : Z_1 \longrightarrow Z_2$).

Jeden SA A kann man mit Hilfe eines Homomorphismus auf den trivialen SA $A_o = (\{x\},\{y\},\{1\};p_o)$ mit $p_o(y,1|x,1) = 1$ abbilden.

<u>Aufgaben</u>

i) Der SA $A = (\{x\},\{y,y'\},\{z_1,z_2,z_3,z_4\};p)$ sei durch die Matrizen

$$P(y|x) = \begin{pmatrix} 0 & 0 & 1/6 & 1/6 \\ 0 & 0 & 2/3 & 0 \\ 0 & 0 & 0 & 1/2 \\ 0 & 0 & 0 & 1/2 \end{pmatrix}, \quad P(y'|x) = \begin{pmatrix} 0 & 0 & 1/3 & 1/3 \\ 0 & 0 & 1/3 & 0 \\ 0 & 0 & 1/2 & 0 \\ 0 & 0 & 0 & 1/2 \end{pmatrix}$$

gegeben. Der Graph von A ist in Fig.24 angegeben. Man zeige: es gibt einen Z-Epimorphismus $\phi : A \longrightarrow A_2'$, wobei A_2' der in Fig.12 dargestellte SA ist (2.1.4.).

ii) Man zeige: es gibt keinen SA A' und keinen Z-Epimorphismus $\phi : A \longrightarrow A'$, wobei A der in Fig.10 (Beispiel 2 in 2.1.4.) angegebene SA ist. (Man beachte, daß A nicht reduziert ist.) (A, A' nicht isomorph)

iii) Man zeige: Zwei SA A und A' sind genau dann isomorph (Definition 8 in 2.1.4.), wenn es einen bijektiven Z-Epimorphismus $\phi : A \longrightarrow A'$ gibt.

iv) Man zeige: Die Hintereinanderausführung $\psi \cdot \phi$ zweier
Homomorphismen ϕ und ψ ist wieder ein Homomorphismus.

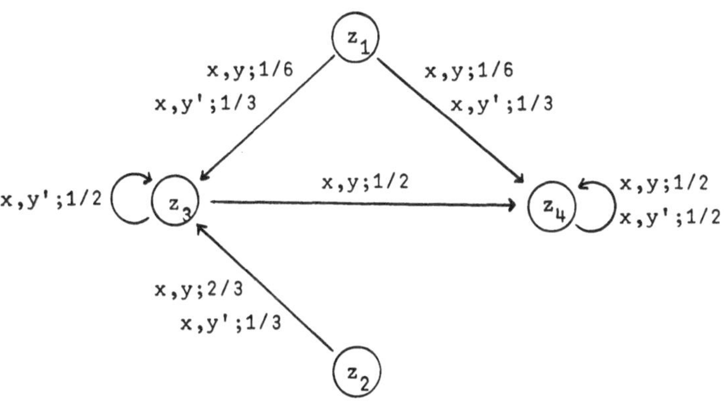

Fig.24

2.4.2. Homomorphismen und Z-Äquivalenz

Eine Abbildung $\phi_x : X_1 \longrightarrow X_2$ läßt sich zu einem (Monoid-)
Homomorphismus $\phi_x' : X_1^* \longrightarrow X_2^*$ fortsetzen, indem man
$\phi_x'(e) = e$ und $\phi_x'(xu) = \phi_x(x)\phi_x'(u)$ für alle $x \in X_1$, $u \in X_1^*$
setzt. Wir wollen die Abbildung ϕ_x' wieder mit ϕ_x bezeich-
nen. Analog sei $\phi_y : Y_1^* \longrightarrow Y_2^*$ erklärt. Wir zeigen zunächst,
daß Homomorphismen zwischen Automaten mit der "Arbeits-
weise" der Automaten verträglich sind.

<u>Hilfssatz 15</u>: A_1, A_2 und ϕ seien wie in Definition 15 an-
gegeben, ϕ_x und ϕ_y seien auf X_1^* bzw. Y_1^* fortgesetzt.
Dann gilt für alle $u \in X_1^*$, $v \in Y_1^*$ und $z,z' \in Z$:
$$p_1(\phi_y^{-1}\phi_y(v), \phi_z^{-1}\phi_z(z')|u,z)$$
$$= p_2(\phi_y(v), \phi_z(z')|\phi_x(u), \phi_z(z)).$$

Beweis: Falls $l(v) \neq l(u)$ ist, dann sind beide Seiten
gleich Null.

Falls $l(v) = l(u) = 0$ ist, dann sind wegen $\phi_y^{-1}\phi_y(e) = \{e\}$ beide Seiten der Gleichung gleich. Für $l(v) = l(u) = 1$ folgt die Gleichheit aus Definition 15.

Induktionsannahme: die Gleichung in Hilfssatz 15 sei für alle $u \in X_1^*$, $v \in Y_1^*$ mit $l(u) = l(v) \leq k$ für ein $k \geq 1$ bewiesen. Dann betrachte man ein $u \in X_1^*$, $v \in Y_1^*$ mit $l(u) = l(v) = k$ und $x \in X_1$, $y \in Y_1$ und $z,z' \in Z_1$. Es gilt:

$$p_1(\phi_y^{-1}\phi_y(yv),\ \phi_y^{-1}\phi_y(z')\,|\,xu,z)$$

$$= p_1(\phi_y^{-1}\phi_y(y)\phi_y^{-1}\phi_y(v),\ \phi_z^{-1}\phi_z(z')\,|\,xu,z)$$

$$= \sum_{\xi \in Z_1} p_1(\phi_y^{-1}\phi_y(y),\xi\,|\,x,z)\cdot p_1(\phi_y^{-1}\phi_y(v),\ \phi_z^{-1}\phi_z(z')\,|\,u,\xi)$$

$$= \sum_{\xi \in Z_1} p_1(\phi_y^{-1}\phi_y(y),\xi\,|\,x,z)\cdot p_2(\phi_y(v),\ \phi_z(z')\,|\,\phi_x(u),\ \phi_z(\xi))$$

nach Induktionsannahme,

$$= \sum_{\xi' \in \phi_z(Z_1)}\ \sum_{\xi \in \phi_z^{-1}(\xi')} p_1(\phi_y^{-1}\phi_y(y),\xi\,|\,x,z)\cdot p_2(\phi_y(v),\ \phi_z(z')\,|\,\phi_x(u),\xi')$$

$$= \sum_{\xi' \in \phi_z(Z_1)} p_2(\phi_y(y),\xi'\,|\,\phi_x(x),\ \phi_z(z))\cdot p_2(\phi_y(v),\ \phi_z(z')\,|\,\phi_x(u),\xi')$$

nach Definition 15

$$= p_2(\phi_y(yv),\ \phi_z(z')\,|\,\phi_x(xu),\ \phi_z(z)),$$

wobei die Summe über $\xi' \in \phi_z(Z_1)$ durch die Summe $\xi' \in Z_2$ ersetzt werden darf, da die hinzukommenden Summanden Null sind (warum?). Damit ist Hilfssatz 15 durch Induktion bewiesen.

Wenn man mit Z-Epimorphismen die interne Struktur eines SA auf einen anderen SA abbilden kann, so erwartet man, daß hierbei die nach außen sichtbaren Reaktionen des SA unverändert bleiben, d.h. es gilt ([7]):

<u>Satz 11</u>: Es sei ϕ ein Z-Homomorphismus von A in A'.

i) Für alle Zustände z von A gilt: $z \sim \phi_z(z)$,

ii) ist ϕ ein Z-Epimorphismus, dann folgt $A \sim A'$.

Der Beweis zu i) folgt unmittelbar aus Hilfssatz 15, und ii) ist eine Folgerung aus i).

Die Umkehrung von Satz 11 ii) gilt nicht. Es gilt auch nicht die aus der Theorie determinierter Automaten bekannte Aussage, daß ein SA auf einen zu ihm reduzierten SA Z-epimorph abgebildet werden kann, wie wir in 2.4.3. zeigen werden.

<u>Aufgaben</u>

i) Man zeige: das homomorphe Bild eines SA ist stets wieder ein SA. D.h.: es sei A = (X,Y,Z;p) ein SA X', Y' und Z' seien Mengen, und p' sei ein bedingtes Wahrscheinlichkeitsmaß auf $Y' \times Z'$; weiterhin seien $\phi_x : X \longrightarrow X'$, $\phi_y : Y \longrightarrow Y'$ und $\phi_z : Z \longrightarrow Z'$ Abbildungen, so daß für alle $x \in X$, $y \in Y$, $z,z' \in Z$ gilt $p(\phi_y^{-1}\phi_y(y), \phi_z^{-1}\phi_z(z')|x,z) = p'(\phi_y(y), \phi_z(z')|$
$$\phi_x(x), \phi_z(z));$$
dann ist $(\phi_x(X), \phi_y(Y), \phi_z(Z);p'')$ ein SA, wobei p'' die Einschränkung von p' auf $\phi_y(Y) \times \phi_z(Z) \times \phi_x(X) \times \phi_z(Z)$ ist.

ii) Man zeige, daß eine zu Aufgabe i) analoge Aussage für die stochastische Homomorphie nicht gilt.

iii) Ein Homomorphismus ϕ von A_1 in A_2 (siehe Definition 15) heißt starker Homomorphismus, wenn für alle $x \in X_1$, $y \in Y_1$ und $z,z' \in Z_1$ gilt: $p_1(y,z'|x,z) = p_2(\phi_y(y), \phi_z(z')|\phi_x(x), \phi_z(z))$. Man zeige: Ist ϕ ein starker Homomorphismus von A_1 in A_2, dann gilt für alle $u \in X_1^*$, $v \in Y_1^*$ und $z,z' \in Z_1$: $p_1(v,z'|u,z) = p_2(\phi_y(v), \phi_z(z')|\phi_x(u), \phi_z(z))$.

iv) Ein SA A = (X,Y,Z;p) heißt zusammenhängend bezüglich eines Zustandes $z \in Z$, wenn jeder Zustand $z' \in Z$ von z aus mit einer positiven Wahrscheinlich-

keit erreicht werden kann, d.h. wenn es zu jedem
$z' \in Z$ ein $u \in X_1^*$ und $v \in Y_1^*$ mit $p(v,z'|u,z) > 0$
gibt. Man zeige: es sei A ein bzgl. eines Zustandes
zusammenhängender SA, und es sei ϕ ein Z-Epimorphismus von A auf einen SA A'. Dann gilt: ϕ ist ein
Z-Isomorphismus genau dann, wenn ϕ ein starker Homomorphismus ist.

2.4.3. Epimorph-reduzierte Automaten

Wir fragen nun nach den kleinsten Automaten, auf die man
einen vorgegebenen SA A' Z-epimorph abbilden kann.

Definition 16: Ein SA A heißt epimorph-reduziert, wenn
    jeder Z-Epimorphismus ϕ von A auf einen beliebigen SA
    ein Z-Isomorphismus ist.
    Ein SA A heißt zu A' epimorph-reduziert, wenn A epi-
    morph-reduziert ist und es einen Z-Epimorphismus
    $\phi : A' \longrightarrow A$ gibt.

Unser Ziel ist es, folgenden Satz zu beweisen.

Satz 12: Zu jedem stochastischen Automaten existiert bis
    auf Z-Isomorphie genau ein epimorph - reduzierter SA.

Wir zeigen zunächst, daß es bis auf Isomorphie höchstens
einen zu A' epimorph-reduzierten SA geben kann. Hierzu
beweisen wir ([16]):

Hilfssatz 16: Gegeben seien drei SA $A' = (X,Y,Z';p')$,
    $A_1 = (X,Y,Z_1';p_1)$ und $A_2 = (X,Y,Z_2';p_2)$. Weiterhin mögen
    Z-Epimorphismen $\phi_i : A' \longrightarrow A_i$ (für i=1,2) existieren.
    Dann existieren ein SA A und zwei Z-Epimorphismen
    $\psi_i : A_i \longrightarrow A$ (für i=1,2), so daß das Diagramm

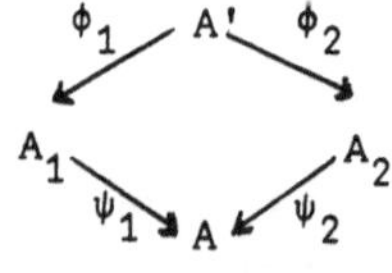

Fig.25

kommutativ ist, d.h. es gilt $\psi_1 \circ \phi_1 = \psi_2 \circ \phi_2$.

Beweis: Wir geben nur die Beweisidee an und überlassen dem
Leser den Beweis der Details.

Wenn $\phi : A' \longrightarrow A$ ein Z-Epimorphismus ist, so definiert
ϕ auf der Zustandsmenge Z' von A' eine Partition (siehe
Beweis zu Satz 1 in 2.1.2.) $\Pi_\phi = \{Z_1, Z_2, \ldots, Z_r\}$ durch:
$z, z' \in Z_i \Longleftrightarrow \phi(z) = \phi(z')$.

Auf der Menge der Partitionen von Z' kann man nun zwei
Operationen einführen:

1) Seien Π_1 und Π_2 Partitionen von Z', dann sei
   $$\Pi_1 \cdot \Pi_2 := \{Z \mid Z \neq \emptyset \text{ und es existieren } Z_1 \in \Pi_1$$
   $$\text{und } Z_2 \in \Pi_2 \text{ mit } Z = Z_1 \cap Z_2\},$$

2) Seien Π_1 und Π_2 Partitionen von Z', dann sei $\Pi_1 + \Pi_2$
   ("Verkettung" von Π_1 und Π_2) durch folgende Eigenschaft definiert: zwei Zustände z und z' von Z' liegen genau dann in der gleichen Menge von $\Pi_1 + \Pi_2$,
   wenn es $Z_{i_1}, Z_{i_2}, \ldots, Z_{i_{k+1}} \in \Pi_1$ und $Z_{j_1}, Z_{j_2}, \ldots, Z_{j_k} \in \Pi_2$
   gibt mit $k \geq 0$ und

   (a) $z \in Z_{i_1}$ und $z' \in Z_{i_{k+1}}$,

   (b) $Z_{i_m} \cap Z_{j_m} \neq \emptyset$ für $m = 1, \ldots, k$,

   (c) $Z_{j_m} \cap Z_{i_{m+1}} \neq \emptyset$ für $m = 1, \ldots, k$.

Bemerkung: Die Menge der Partitionen von Z' ist bezüglich dieser beiden Operationen ein Verband.

Es sei nun $A' = (X, Y, Z'; p')$, und es seien $\phi_i : A' \longrightarrow A_i$
für $i = 1, 2$ wie in Hilfssatz 16 gegeben. Dann definieren
diese Epimorphismen zwei Partitionen Π_1 und Π_2 auf Z'.
Man setze nun: $Z := \Pi_1 + \Pi_2$ und definiere einen SA
$A = (X, Y, Z; p)$ durch:

$p(y, Q_2 \mid x, Q_1) := p'(y, Q_2 \mid x, z)$, für alle $x \in X$, $y \in Y$,
$Q_1, Q_2 \in Z$, wobei z ein beliebiges Element von Q_1 ist
und Q_2 und Q_1 auf der linken Seite der Gleichung als
Zustände von Z und auf der rechten Seite als Teilmengen
von Z' aufzufassen sind.

Unter Verwendung der Definition von $\Pi_1 + \Pi_2$ zeige man

zunächst, daß p wohldefiniert ist, d.h. daß die Definition von p nicht davon abhängt, wie man z aus Q_1 aus-
wählt.

Nun definiere man eine Abbildung $\tau : Z' \longrightarrow Z$ durch:
$\tau(z) = Q$, falls $z \in Q$ ist (wieder ist Q einmal als Element von Z und einmal als Teilmenge von Z' aufzufassen).
Man sieht sofort: τ ist ein Z-Epimorphismus von A' auf
A. Nun definiert man (für i=1,2) Abbildungen
$\psi_i : Z_i' \longrightarrow Z$ (wobei Z_i' die Zustandsmenge von A_i ist)
durch die Forderung, daß für alle $z \in Z'$ gelten soll:
$\psi_i(\phi_i(z)) = \tau(z)$. Man zeigt leicht, daß es ein solches
ψ_i gibt und daß es eindeutig hierdurch bestimmt ist
(man beachte: $\phi_i(z)$ durchläuft für $z \in Z'$ alle Elemente
von Z_i'). Nun gilt: ψ_i ist ein Z-Epimorphismus von A_i
auf A, und es ist offenbar: $\psi_1 \circ \phi_1 = \psi_2 \circ \phi_2 = \tau$.
Damit ist Hilfssatz 16 bewiesen.

Aus Hilfssatz 16 folgt nun unmittelbar, daß es zu jedem
SA A' bis auf Isomorphie höchstens einen epimorph-reduzierten SA A geben kann; denn wenn zu A' zwei epimorph-reduzierte SA A_1 und A_2 existieren, dann kann man nach Hilfssatz 16 einen SA A und zwei Z-Epimorphismen $\psi_i : A_i \longrightarrow A$
(i=1,2) angeben; nach Definition 16 müssen ψ_1 und ψ_2 jedoch Z-Isomorphismen sein, d.h. A_1 und A_2 sind isomorph.
Man sieht unmittelbar ein, daß zu jedem ESA auch mindestens
ein epimorph-reduzierter SA existiert. Dies gilt allgemein:

<u>Hilfssatz 17</u>: Zu jedem SA A' existiert mindestens ein epi-
morph-reduzierter SA A.

Beweis: Es sei A' = (X,Y,Z';p'), und man setze
M := $\{\phi \,|\,$ es existiert ein SA $\tilde{A}$ mit $\phi : A' \longrightarrow \tilde{A}$ und
ϕ ist kein Z-Isomorphismus $\}$
als die Menge aller echten Z-Epimorphismen von A' auf
andere SA. Jedes $\phi \in M$ definiert (siehe Beweis zu Hilfssatz 16) eine Partition Π_ϕ auf Z', Man setze
Z := $\underset{\phi \in M}{+} \Pi_\phi$ als die Verkettung aller zu $\phi \in M$ gehörenden
Partitionen. Dies ist eine Partition auf Z'. Weiter sei

$A = (X,Y,Z;p)$ mit $p(y,Q'|x,Q) := p'(y,Q'|x,z)$ für alle $x \in X$, $y \in Y$, $Q,Q' \in Z$, wobei $z \in Q$ beliebig ist und Q,Q' auf der linken Seite als Elemente aus Z und auf der rechten Seite als Teilmengen von Z' aufzufassen sind.

Wir werden zeigen, daß p wohldefiniert ist, d.h. für alle $x \in X$, $y \in Y$, $z,z' \in Q$ und $Q,Q' \in Z$ gilt $p'(y,Q'|x,z) = p'(y,Q'|x,z')$. Es seien $x \in X$, $y \in Y$, $z,z' \in Q$ und $Q,Q' \in Z$ beliebig, aber für das Folgende fest gewählt. Es sei $Q' = \{z_1,z_2,z_3,\ldots\}$ (falls Q' endlich ist, so ist der folgende Beweis ohnehin trivial). Dann existiert ein Z-Epimorphismus ϕ_1 mit $\phi_1(z_1) = \phi_1(z_2)$. Weiter gibt es einen Z-Epimorphismus ϕ_2' mit $\phi_2'(z_2) = \phi_2'(z_3)$. Nach Hilfssatz 16 kann man aus ϕ_1 und ϕ_2' einen Z-Epimorphismus ϕ_2 mit $\phi_2(z_1) = \phi_2(z_2) = \phi_2(z_3)$ konstruieren. Durch Induktion folgt sofort: es gibt eine Folge $\phi_1,\phi_2,\phi_3,\ldots$ von Z-Epimorphismen aus M mit folgenden Eigenschaften:

1) $\phi_i(z_1) = \ldots = \phi_i(z_{i+1})$ für $i=1,2,\ldots$,

2) zu jedem ϕ_i existiert ein $Q_i' \in \Pi_{\phi_i}$ mit

$\qquad \{z_1,z_2,\ldots,z_{i+1}\} \subseteq Q_i' \subseteq Q'$,

3) $Q_{i-1}' \subseteq Q_i'$ für alle $i \geq 2$,

4) $\displaystyle\bigcup_{i=1}^{\infty} Q_i' = Q'$.

Da es eine analoge Folge $\psi_1,\psi_2,\ldots \in M$ für Q gibt, so folgert man: es gibt ein $\psi_j \in M$ mit $\psi_j(z) = \psi_j(z')$. Man bilde nun die Folge $\tau_1,\tau_2,\ldots \in M$, die das Diagramm

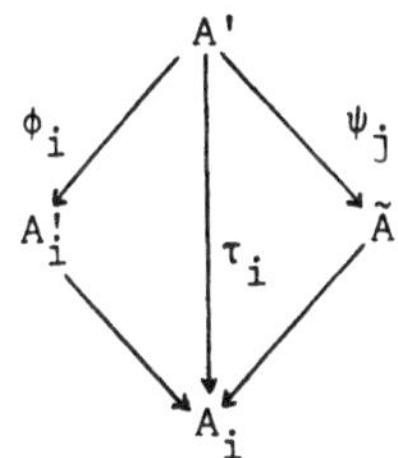

erfüllen und nach Hilfssatz 16 aus ϕ_i und ψ_j konstruiert
werden können (i=1,2,...). Die Folge τ_1, τ_2,... erfüllt
ebenfalls die Bedingungen 1)-4), insbesondere gibt es
$P_i \in \Pi_{\tau_i}$ mit $\{z_1,...,z_{i+1}\} \subseteq P_i \subseteq Q'$, für $i \geq 2$ gilt
$P_{i-1} \subseteq P_i$ und Q' ist Vereinigung aller P_i. Weiter ist
nach Konstruktion $\tau_i(z) = \tau_i(z')$ für alle i. Da τ_i
Z-Epimorphismen sind, so folgt:

$$p'(y,Q'|x,z) = p'(y,P_1|x,z) + \sum_{i=1}^{\infty} p'(y,P_{i+1} - P_i|x,z)$$

$$= p'(y,P_1|x,z) + \sum_{i=1}^{\infty} \left(p'(y,P_{i+1}|x,z) - p'(y,P_i|x,z)\right)$$

$$= p'(y,P_1|x,z') + \sum_{i=1}^{\infty} \left(p'(y,P_{i+1}|x,z') - p'(y,P_i|x,z')\right)$$

$$= p'(y,Q'|x,z').$$

Damit ist gezeigt: p ist wohldefiniert. Man sieht nun
leicht ein, daß die Abbildung $\sigma: Z' \longrightarrow Z$ mit $\sigma(z)=Q$,
falls $z \in Q$ ist, ein Z-Epimorphismus von A' auf A ist.
Nach Konstruktion ist A epimorph-reduziert, womit Hilfssatz 17 bewiesen ist.

Aus Hilfssatz 16 und 17 folgt unmittelbar Satz 12. Wie man
aus dem Beweis erkennt, stellt Satz 12 eine rein algebraische Aussage dar. Es handelt sich im wesentlichen um die Aussage, daß die Menge der Z-epimorphen Bilder eines SA A bis
auf Isomorphismen eine Verbandsstruktur besitzen mit einem
größten (nämlich A selbst) und einem kleinsten (nämlich dem
epimorph-reduzierten SA zu A) Element. Wahrscheinlichkeitstheorie oder Matrizentheorie wird hierbei nicht benötigt, da
die Verträglichkeit der Überführungswahrscheinlichkeiten mit
den rein algebraischen Konstruktionen durch Definition 15
bereits gesichert ist.
Aus Satz 12 folgt nun: die Begriffe "epimorph-reduziert"
und "reduziert" sind verschieden, da ein SA mehrere nichtisomorphe reduzierte SA besitzen kann (Satz 3). Weiterhin
ist der zu A' epimorph-reduzierte SA im allgemeinen nicht
reduziert, wie Beispiel 2 in 2.1.4. zeigt: der dort ange-

gebene SA A (Fig.10) ist zwar epimorph-reduziert (Aufgabe ii) in 2.4.1.), aber nicht reduziert (siehe 2.1.4.),
d.h. im allgemeinen kann man einen SA nicht auf einen
seiner reduzierten SA Z-epimorph abbilden (siehe aber unten Aufgabe i)).
Bei determinierten Automaten fallen die Begriffe "epimorph-
reduziert", "reduziert" und "minimal" zusammen (siehe
2.5.5. und Anhang), bei stochastischen Automaten sind die
drei Begriffe verschieden; die von ihnen gebildete Hierar-
chie zeigt Fig.26.

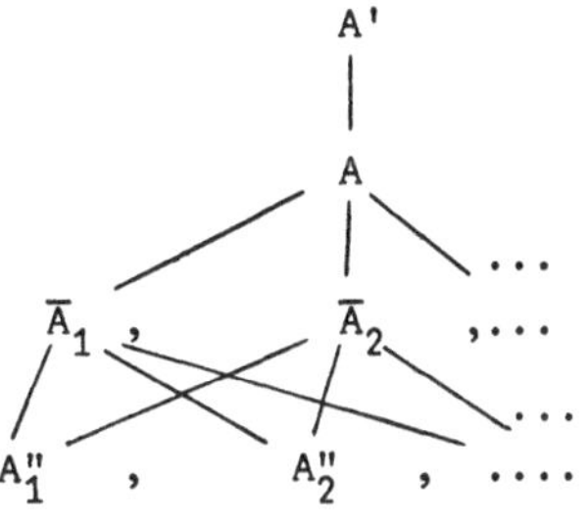

<table>
<tr><td>A'</td><td>stochastischer Automat</td></tr>
<tr><td>A</td><td>epimorph-reduziert zu A'
(eindeutig bis auf Isomorphie)</td></tr>
<tr><td>$\overline{A}_1$, $\overline{A}_2$,...</td><td>reduziert zu A'
(eventuell überabzählbar viele SA)</td></tr>
<tr><td>A_1'' , A_2'' , ...</td><td>minimal zu A'
(eventuell überabzählbar viele SA).</td></tr>
</table>

Fig.26

Man vergleiche hierzu 2.5.1. (observable Automaten).

Aufgaben:

i) Es sei A ein SA. Man zeige: wenn das im Beweis zu Satz 1
(2.1.2.) angegebene Verfahren zur Konstruktion reduzierter Automaten unabhängig von der Auswahl der Repräsentanten (z_i' aus Z_i) bis auf Isomorphie nur einen SA liefert, dann kann man A auf einen zu ihm reduzierten SA
Z-epimorph abbilden. Man zeige, daß auch die Umkehrung
gilt.

ii) Es sei A' ein SA und A ein zu A' epimorph-reduzierter
SA. Man zeige: jeder reduzierte SA, den man aus A' nach
dem Verfahren von Satz 1 gewinnen kann, ist isomorph
zu einem SA, den man aus A nach dem gleichen Verfahren
gewinnen kann, und umgekehrt. (Es ist also empfehlens-
wert, zunächst mit Hilfe von Z-Epimorphismen die Zu-

standszahl zu verkleinern, und dann erst einen reduzierten SA zu konstruieren.)

iii) Bei determinierten Automaten gilt: $A_1 \sim A_2$ genau dann,
wenn es eine Folge von determinierten Automaten $B_1, B_2, \ldots$
$\ldots, B_k$ und Z-Epimorphismen $\phi_1, \phi_2, \ldots, \phi_{k+1}$ gibt, die folgendes Diagramm bilden:

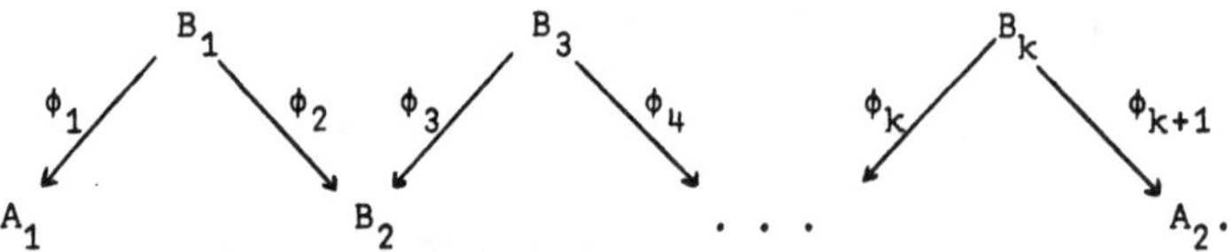

Gilt dieser Satz auch für stochastische Automaten?

2.4.4. Schwache Homomorphismen

In [67] wurde eine Abschwächung des Homomorphiebegriffs
vorgeschlagen, bei dem nur die zu Satz 11 ii analoge Aussage für die Äquivalenz erhalten bleibt. Diese Idee soll
kurz skizziert werden.

Wenn $\phi: A \longrightarrow A'$ ein Z-Epimorphismus ist, so kann man ϕ
linear auf die Menge der Zustandsverteilungen $\mathcal{Z}$ von A
fortsetzen, indem man

$$\phi(\pi) := \sum_{i=1}^{n} \pi_i \phi(z_i) \quad \text{setzt, wobei} \quad Z = \{z_1, \ldots, z_n\} \text{ die}$$

Zustandsmenge von A und $\pi = (\pi_1, \ldots, \pi_n) \in \mathcal{Z}$ ist. $\phi(\pi)$ ist
eine Zustandsverteilung von A', d.h. $\phi(\pi) \in \mathcal{Z}'$. Eine
Abbildung $\phi : \mathcal{Z} \longrightarrow \mathcal{Z}'$ soll nun ein schwacher Homomorphismus heißen, falls ϕ linear ist, $\phi(\pi)$ und π 1-äquivalent
sind und ϕ mit den "Folgeverteilungen" verträglich ist. Um
dies zu präzisieren, definieren wir eine partielle Abbildung
$ß: Y \times X \times \mathcal{Z} \longrightarrow \mathcal{Z}$ durch

$$ß(y,x,\pi_1) = \begin{cases} \dfrac{1}{\pi_1 \cdot \eta(y|x)} \, \pi_1 \cdot P(y|x), & \text{falls } \pi_1 \cdot \eta(y|x) \neq 0 \\[2mm] \text{nicht definiert,} & \text{sonst.} \end{cases}$$

Man sieht leicht ein: wenn $ß(y,x,\pi_1) = \pi_2$ definiert ist,
dann ist π_2 die Zustandsverteilung von A, die aus π_1 nach

Eingabe von $x \in X$ und Ausgabe von $y \in Y$ entsteht. Man kann π_2 als Folgeverteilung von π_1 bei Eingabe x und Ausgabe y bezeichnen.

Definition 17: Es seien $A = (X,Y,Z;p)$ und $A' = (X,Y,Z';p')$ zwei SA mit der Menge der Zustandsverteilungen $\mathcal{Z}$, bzw. $\mathcal{Z}'$, und es sei $Z = \{z_1, z_2, \ldots, z_n\}$ mit $n \in I\!N \cup \{\infty\}$. Eine Abbildung $\phi : \mathcal{Z} \longrightarrow \mathcal{Z}'$ heißt ein schwacher Z-Homomorphismus von A in A', falls für alle $x \in X$, $y \in Y$, $\pi = (\pi_1, \ldots, \pi_n) \in \mathcal{Z}$ gilt:

1) $\phi(\pi) = \sum\limits_{i=1}^{n} \pi_i \phi(z_i)$,

2) $\pi \cdot \eta(y|x) = \phi(\pi) \cdot \eta'(y|x)$, d.h. $\pi \underset{1}{\sim} \phi(\pi)$,

3) $\phi(\beta(y,x,\pi)) = \beta'(y,x,\phi(\pi))$, sofern $\beta(y,x,\pi)$ definiert ist.

Wie üblich heißt ϕ ein schwacher Z-Epimorphismus, bzw. Z-Isomorphismus, falls ϕ surjektiv, bzw. bijektiv ist.

Folgender Hilfssatz soll die Bezeichnung "schwacher Z-Homomorphismus" rechtfertigen:

Hilfssatz 18: Ist ϕ ein Z-Homomorphismus von A in A', so existiert ein schwacher Z-Homomorphismus von A in A'.

Es ist klar, daß die Abbildung $\psi : \mathcal{Z} \longrightarrow \mathcal{Z}'$ mit

$$\psi(\pi) = \sum\limits_{i=1}^{n} \pi_i \phi(z_i)$$ gerade Hilfssatz 18 erfüllt.

Es gilt folgender zu Satz 11 analoge

Satz 13: Ist ϕ ein schwacher Z-Epimorphismus von A auf A', dann gilt: $A \approx A'$.

Beweis: Durch Induktion möge der Leser zeigen, daß für alle $\pi \in \mathcal{Z}$ gilt: $\pi \sim \phi(\pi)$. Hierzu reichen die Bedingungen 2) und 3) von Definition 17 bereits aus.

Man kann durch Beispiele zeigen ([67]), daß man einen SA mit Hilfe schwacher Z-Epimorphismen im allgemeinen nicht auf einen zu ihm minimalen SA abbilden kann. Weitere Ergebnisse findet der Leser in den folgenden Aufgaben.

<u>Aufgaben</u>: Man beweise folgende Behauptungen.

i) Es sei ϕ ein schwacher Z-Epimorphismus von A in A'.
Dann gibt es zu jedem Zustand z' von A' einen Zustand
z von A mit $\phi(z) = z'$. Ist zusätzlich ϕ bijektiv, dann
sind A und A' isomorphe Automaten.

ii) Gibt es zu A einen starkreduzierten SA A', dann kann
man A schwach Z-epimorph auf A' abbilden (bei der Konstruktion der Abbildung ϕ beachte man, daß $\pi \sim \phi(\pi)$
gelten muß!).

iii) Eine Abbildung $\phi : \mathcal{Z} \longrightarrow \mathcal{Z}'$ heißt sehr schwacher
Homomorphismus von A in A', falls für alle $x \in X$,
$y \in Y$, $\pi = (\pi_1,\ldots,\pi_n) \in \mathcal{Z}$ gilt:

1) $\phi(\pi) = \sum_{i=1}^{n} \pi_i \phi(z_i)$,

2) $\pi \sim \phi(\pi)$.

Man zeige: Jeder SA kann sehr schwach Z-epimorph auf
jeden zu ihm reduzierten und minimalen SA abgebildet
werden. (Bemerkung: aus dieser und der hinter Satz 13
angegebenen Aussage folgt: aus Bedingung 2) und 3)
von Definition 17 kann man zwar $\pi \sim \phi(\pi)$ folgern, jedoch
nicht umgekehrt.)

2.5. Spezielle Automaten

2.5.1. Observable Automaten

In der Praxis trifft man oft auf stochastische Systeme,
bei denen man nur mit einer gewissen Wahrscheinlichkeit
angeben kann, wie sie auf eine spezielle Eingabe reagie-
ren, bei denen man aber aus der Reaktion auf die Eingabe
(d.h. aus der Ausgabe) ablesen kann, in welchem Zustand
sie sich nun befinden. Solche Systeme heißen observabel
("beobachtbar"). Wir wollen hierfür das Beispiel eines
Spielers geben.

<u>Beispiel 8</u>: Wir betrachten einen Spieler in einer Spiel-
bank. Seine Zustandsmenge ist die Menge der Geldbeträge, die er besitzen kann. Wir nehmen an, daß er höchstens N Geldeinheiten (Sprengung der Bank) besitzen
und nur mit ganzen Geldeinheiten spielen kann. Seine
Zustandsmenge lautet dann: $Z = \{0,1,\ldots,N\}$. Wir nehmen vereinfachend weiter an, daß er immer nur einen
festen Geldbetrag von b Geldeinheiten bei jedem Spiel
setzen kann. Er kann aber unter den Spielen, die in
einer Spielbank angeboten werden, wählen; z.b. kann er
sich dafür entscheiden, im nächsten Spiel Roulett, im
übernächsten Bakkarat, dann Siebzehn-und-Vier usw. zu
spielen. Es sei also $X = \{x_1,\ldots,x_m\}$ die Menge der von
der Spielbank angebotenen verschiedenen Spiele. Dann
sei Y die Menge der möglichen gewonnenen oder verlore-
nen Geldbeträge, d.h. $Y = \{-b,-b+1,\ldots,0,\ldots,c\}$ (der
Spieler kann in jedem Spiel höchstens seinen Einsatz
b verlieren). Zu jedem Spiel $x \in X$ kann man nun die
Wahrscheinlichkeit $f(y|x)$ dafür angeben, daß $y \in Y$ Geld-
beträge gewonnen werden. Dann gilt: $f(y|x) \geq 0$ für
alle $y \in Y$ und $\sum\limits_{y \in Y} f(y|x) = 1$ für alle $x \in X$. Man defi-
niere nun einen SA $A = (X,Y,Z;p)$, der dieses Modell des
Spielers angenähert beschreibt, indem man p folgendermaßen festlegt:

$$
p(y,z'|x,z) = \begin{cases}
f(y|x), & \text{falls } z' = z+y,\ b \leq z < N \text{ und} \\
 & \qquad z' < N \text{ ist,} \\
1 & \text{, falls } z < b,\ y = 0 \text{ und } z = z' \\
1 & \text{, falls } z = N,\ y = 0 \text{ und } z' = N \\
\sum\limits_{y'=y}^{c} f(y'|x), & \text{falls } z' = y+z = N \text{ und} \\
 & \qquad z \geq b \\
0 & \text{, falls } z \geq b \text{ und } y+z > N \text{ ist.}
\end{cases}
$$

Im allgemeinen wird Fall 1 dieser Fallunterscheidung
vorliegen, solange bis entweder der Spieler den Spiel-
einsatz b nicht mehr aufbringen kann (Fall 2) oder die

Bank gesprengt ist (Fall 3 bis 5).

Der SA A hat folgende Eigenschaft: kennt man den früheren Zustand z, die Eingabe x und die Ausgabe y, dann kann man angeben, in welchem Zustand z' sich A nun befindet. A ist daher observabel (siehe unten).

Definition 18: Ein SA $A = (X,Y,Z;p)$ heißt observabel, falls es eine partielle Abbildung $\beta : Y \times X \times Z \longrightarrow Z$ gibt, so daß für alle $x \in X$, $y \in Y$ und $z,z' \in Z$ aus $p(y,z'|x,z) \neq 0$ folgt: $z' = \beta(y,x,z)$.

Ist A ein observabler SA, dann ist für jeden Zustand z, für jedes Eingabewort u und jedes Ausgabewort v (mit $1(u) = 1(v)$) die Folge der Zustände, die A hierbei durchläuft, bestimmt. Daher kann man β eindeutig folgendermaßen fortsetzen:

$\beta(e,e,z) = z$ für alle $z \in Z$

$\beta(vy,ux,z) = \beta(v,u,\beta(y,x,z))$ für alle $z \in Z$, $x \in X$,
$\qquad\qquad\qquad y \in Y$, $u \in X^*$, $v \in Y^*$ mit $1(u) = 1(v)$,

und es muß gelten:

Hilfssatz 19: Ist A observabel und $\beta : Y^* \times X^* \times Z \longrightarrow Z$ eine partielle Abbildung (wie oben angegeben), dann gilt für alle $u \in X^*$, $v \in Y^*$ mit $1(u) = 1(v)$ und für alle $z \in Z$:

$p(v,z'|u,z) \neq 0 \quad \Longrightarrow \quad \beta(v,u,z) = z'$.

Beweis: Es sei $v = y_1 \ldots y_k$ und $u = x_1 \ldots x_k$. Falls $k = 0$ oder $k = 1$, so ist Hilfssatz 19 sicher richtig. Falls $k \geq 2$ ist, dann existieren Zustände $\zeta_1, \ldots, \zeta_{k-1}$ mit:
$p(y_1,\zeta_1|x_1,z) \neq 0$, $p(y_i,\zeta_i|x_i,\zeta_{i-1}) \neq 0$ (für $i=2,\ldots,k-1$) und $p(y_k,z'|x_k,\zeta_{k-1}) \neq 0$. Da A observabel ist, sind $\zeta_1, \ldots, \zeta_{k-1}$ eindeutig bestimmt, d.h. es gilt:
$\beta(y_1,x_1,z) = \zeta_1$, $\beta(y_i,x_i,\zeta_{i-1}) = \zeta_i$ für $i=2,\ldots,k-1$ und $\beta(y_k,x_k,\zeta_{k-1}) = z'$, woraus nach Definition der Fortsetzung von β folgt: $z' = \beta(y_1 \ldots y_k, x_1 \ldots x_k, z)$.

Bemerkung: Man kann β auch auf $X \times Y \times \mathcal{Z}$ (bzw. $X^* \times Y^* \times \mathcal{Z}$) fortsetzen und erhält dann die in 2.4.4. angegebene Abbil-

dung. Die dort angegebene Abbildung läßt sich jedem SA A
zuordnen. A ist genau dann observabel, wenn die Einschränkung des Quellbereichs der in 2.4.4. angegebenen
Abbildung β auf $Y \times X \times Z$ bewirkt, daß der Zielbereich
von β dabei auf Z eingeschränkt wird.

Hilfssatz 20: Es seien $A = (X,Y,Z;p)$ und $A' = (X,Y,Z';p')$
zwei observable SA mit den partiellen Abbildungen β
und β'. Falls für $z \in Z$, $z' \in Z'$, $x \in X$, $y \in Y$ gilt:
$p(y,Z|x,z) \neq 0$ und $z \sim z'$, dann gilt
$\beta(y,x,z) \sim \beta'(y,x,z')$.

Bemerkung: Dieser Hilfssatz gilt auch allgemein für äquivalente Zustandsverteilungen π und π', wenn man β wie
in 2.4.4. definiert.

Beweis: Da $z \sim z'$ ist, so gilt
$p(y,Z|x,z) = z \cdot \eta(y|x) = z' \cdot \eta'(y|x) = p'(y,Z'|x,z') \neq 0$.
Weiterhin gilt für alle $u \in X^*$ und $v \in Y^*$:
$z \cdot \eta(yv|xu) = z' \cdot \eta'(yv|xu)$, und da für observable SA
gilt:
$$\frac{z \cdot P(y|x)}{z \cdot \eta(y|x)} = \beta(y,x,z),$$
sofern $z \cdot \eta(y|x) \neq 0$ ist, so folgt für alle u und v
$$\begin{aligned}
\beta(y,x,z) \cdot \eta(v|u) &= z \cdot P(y|x) \cdot \eta(v|u) \ / \ (z \cdot \eta(y|x)) \\
&= z \cdot \eta(yv|xu) \ / \ (z \cdot \eta(y|x)) \\
&= z' \cdot \eta'(yv|xu) \ / \ (z' \cdot \eta'(y|x)) \\
&= z' \cdot P'(y|x) \cdot \eta'(v|u) \ / \ (z' \cdot \eta'(y|x)) \\
&= \beta'(y,x,z') \cdot \eta'(v|u),
\end{aligned}$$
also gilt $\beta(y,x,z) \sim \beta'(y,x,z')$, was zu zeigen war.

Wir können nun zeigen, daß das von determinierten Automaten
bekannte Ergebnis über reduzierte und epimorph-reduzierte
Automaten auch gilt, wenn man nur die Klasse der observablen Automaten betrachtet.

Satz 14: Es sei $A = (X,Y,Z;p)$ ein observabler SA und
$M_A = \{A''|A''$ ist observabler SA und $A'' \sim A\}$. Dann gibt
es bis auf Isomorphie genau einen reduzierten Observa-

blen SA A', der in M_A liegt und auf den jeder Automat aus M_A Z-epimorph abgebildet werden kann.

Beweis: Im Beweis zu Satz 1 (2.1.2.) wurde angegeben, wie man aus A einen zu A reduzierten SA A' gewinnt. Mit den dort verwendeten Bezeichnungen ist A' = (X,Y,Z';p') mit $p'(y,Z_j|x,Z_i) := p(y,Z_j|x,z_i')$. Da nun A observabel ist, so folgert man hieraus sofort, daß auch A' observabel ist, also in M_A liegt. Zu jedem i existiert bei festem x ε X und y ε Y höchstens ein j mit $p(y,Z_j|x,z_i') \neq 0$. Nun seien z_i', $z_i'' \varepsilon Z_i$. Dann gilt:
$$p(y,Z_j|x,z_i') = z_i' \cdot \eta(y|x) = z_i'' \cdot \eta(y|x) \text{ , da } z_i' \sim z_i''$$
$$= p(y,\beta(y,x,z_i'')|x,z_i'') = p(y,Z_j|x,z_i'') \text{ ,}$$
da $\beta(y,x,z_i'') \varepsilon Z_j$ sein muß; denn nach Hilfssatz 20 folgt $\beta(y,x,z_i'') \sim \beta(y,x,z_i') \varepsilon Z_j$ aus $z_i' \sim z_i''$ (siehe Definition der Z_k im Beweis zu Satz 1). Daher ist die Definition von A' unabhängig von der Auswahl der Repräsentanten. Nach Aufgabe i) in 2.4.3. folgt hieraus: es gibt einen Z-Epimorphismus ϕ von A auf A' (man kann auch direkt verifizieren, daß die Abbildung $\phi : Z \longrightarrow Z'$ mit $\phi(z) = Z_i$, falls z εZ_i ist, ein Z-Epimorphismus von A auf A' ist).

Sei nun A" εM_A ein zu A Z-äquivalenter observabler SA. Dann gibt es zu jedem Zustand z" von A" genau einen Zustand Z_i von A' mit $z" \sim Z_i$. Man definiere $\psi : Z" \longrightarrow Z'$ durch $\psi(z") = Z_i$, falls $z" \sim Z_i$. Man sieht nun wieder mit Hilfssatz 20 leicht ein, daß ψ ein Z-Epimorphismus von A" auf A' ist.

Hieraus fogt auch, daß A' bis auf Isomorphie eindeutig bestimmt ist; denn wenn es einen zweiten reduzierten observablen SA $\tilde{A} \varepsilon M_A$ gibt, so existiert ein Z-Epimorphismus $\phi : \tilde{A} \longrightarrow A'$, und da $\tilde{A}$ als reduzierter SA auch epimorph-reduziert ist, so muß ϕ ein Isomorphismus sein. Damit ist Satz 14 vollständig bewiesen.

Satz 14 ist eigentlich kein überraschender Satz; denn in der Definition der Äquivalenz ist die Summation über alle

Zustände entscheidend und bewirkt die Nicht-Isomorphie reduzierter SA. Diese Summation jedoch entfällt bei observablen Automaten.

Im allgemeinen sind reduzierte observable Automaten nicht minimal. Ein Beispiel hierfür ist der in 2.1.4., Beispiel 2 angegebene SA A_2' (Fig.12); A_2' ist observabel und reduziert, aber nicht minimal, wie in Beispiel 3 (2.2.1.) gezeigt wurde. Ein zu A_2' minimaler SA ist allerdings nicht observabel, doch kann auch dieser Fall eintreten, wie folgendes Beispiel zeigt.

<u>Beispiel 9</u>: Es sei $A = (\{x\},\{y,y'\},\{z_1,z_2,z_3\};p)$
   definiert durch

$$P(y|x) = \begin{pmatrix} 0 & 1/2 & 0 \\ 0 & 1/3 & 0 \\ 0 & 5/12 & 0 \end{pmatrix} \quad , \quad P(y'|x) = \begin{pmatrix} 0 & 1/2 & 0 \\ 0 & 2/3 & 0 \\ 0 & 7/12 & 0 \end{pmatrix}.$$

A ist observabel und reduziert, da

$$H_A = \begin{pmatrix} 1 & 1/2 \\ 1 & 1/3 \\ 1 & 5/12 \end{pmatrix} \text{ ist. Wegen } z_3 \sim (1/2,1/2,0) \text{ ist A}$$

nicht minimal. Nach Satz 5 (bzw. der Bemerkung im Anschluß an Satz 5, 2.2.1.) kann man aus A den minimalen SA $A'' = (\{x\},\{y,y'\},\{z_1'',z_2''\};p'')$ konstruieren mit

$$P''(y|x) = \begin{pmatrix} 0 & 1/2 \\ 0 & 1/3 \end{pmatrix} \quad , \quad P''(y'|x) = \begin{pmatrix} 0 & 1/2 \\ 0 & 2/3 \end{pmatrix}.$$

Offenbar ist $A \not\approx A''$ und A'' observabel, aber es gilt nicht $A \sim A''$.

Wir formulieren dieses Ergebnis als

<u>Hilfssatz 21</u>: Es sei A ein observabler SA, es seien
   $M_A = \{A'' | A'' \text{ observabler SA und } A'' \sim A\}$ und
   $N_A = \{A'' | A'' \text{ observabler SA und } A'' \approx A\}$.
   Dann gilt im allgemeinen: $N_A \supsetneq M_A$.

<u>Aufgabe</u>: Wenn A ein SA ist, dann sei
   $O_A := \{A'' | A'' \text{ endlicher observabler SA und } A \sim A''\}$
   die Menge der zu A Z-äquivalenten endlichen observa-

blen SA. Man zeige: es gibt endliche stochastische Automaten A, für die O_A leer ist.

Eine weitere Aufgabe über observable SA findet man in 2.5.4. (Aufgabe iii)).

2.5.2. Observable Erweiterungen

Die in 2.4.4. angegebene Abbildung β legt es nahe, aus einem beliebigen SA einen äquivalenten observablen SA zu konstruieren, der genau die von einem Zustand erreichbaren Zustandsverteilungen als Zustände besitzt. Es sei also A = (X,Y,Z;p) ein SA; dann definiere man für alle $x \in X$, $y \in Y$ und für alle Zustandsverteilungen π_1, $\pi_2 \in \mathcal{Z}$:

$$\bar{p}(y,\pi_2|x,\pi_1) = \begin{cases} \pi_1 \cdot \eta(y|x), & \text{falls } \pi_1 \cdot \eta(y|x) \neq 0 \text{ und} \\ & \pi_2 = \dfrac{1}{\pi_1 \cdot \eta(y|x)} \pi_1 \cdot P(y|x) \text{ ist} \\ 0 & \text{, sonst .} \end{cases}$$

Ist $\bar{p}(y,\pi_2|x,\pi_1) \neq 0$, dann ist π_2 genau die Zustandsverteilung, die aus π_1 nach Eingabe von x und Ausgabe von y entsteht, d.h. es ist $\pi_2 = \beta(y,x,\pi_1)$ im Sinne von 2.4.4.. Weiterhin gilt:

$$\sum_{y \in Y} \sum_{\pi_2 \in \mathcal{Z}} \bar{p}(y,\pi_2|x,\pi_1) = \sum_{y \in Y} \bar{p}(y,\beta(y,x,\pi_1)|x,\pi_1) = 1,$$

und man könnte $(X,Y,\mathcal{Z};\bar{p})$ als SA auffassen, falls $\mathcal{Z}$ abzählbar wäre. Es sei daher $S \subseteq \mathcal{Z}$ die Menge der von einem Zustand von A "erreichbaren" Zustandsverteilungen, d.h. es sei $S_o := Z$ (jeder Zustand ist, wie in 1.3.3. vereinbart, eine spezielle Zustandsverteilung), und für $i \geq 1$ sei $S_i := \{\beta(y,x,\pi)|y \in Y, x \in X, \pi \in S_{i-1}\}$. Man setze

dann: $S = \bigcup_{i=0}^{\infty} S_i$. Die Einschränkung von $\bar{p}$ auf $Y \times S \times X \times S$

bezeichnen wir mit $\tilde{p}$. Dann ist $\tilde{A} = (X,Y,S;\tilde{p})$ ein SA, der nach Konstruktion observabel ist. Der Leser möge verifizieren, daß der Zustand $\pi \in S$ von $\tilde{A}$ stets äquivalent ist zu der Zustandsverteilung π von A. Da $Z \subseteq S$ ist, so folgt aus Hilfssatz 4 ii) (1.3.3.):

<u>Hilfssatz 22</u>: A $\approx$ Ã. Speziell gibt es zu jedem SA einen
   äquivalenten observablen SA (der im allgemeinen eine
   unendlich große Zustandsmenge besitzt; man vergleiche
   die Aussage der Aufgabe in 2.5.1.).

Damit ist folgende Definition motiviert:

<u>Definition 19</u>: Ã heißt die observable Erweiterung von A.

<u>Aufgaben</u>:

i) Man beweise Hilfssatz 22.

ii) Ein endlicher starkreduzierter stochastischer Automat
   A ist genau dann äquivalent zu einem endlichen observablen SA, wenn die observable Erweiterung von A endlich ist. Gilt diese Aussage auch für beliebige SA?

2.5.3. Z-determinierte Automaten

<u>Definition 20</u>: Ein SA A = $(X,Y,Z;p)$ heißt Zustands-deter-
   miniert (Z-determiniert) genau dann, wenn es eine Ab-
   bildung $\delta : X \times Z \longrightarrow Z$ gibt, so daß für alle $x \in X$,
   $z \in Z$ gilt $p(Y,\delta(x,z)|x,z) = 1$.
   (D.h. wenn A im Zustand z ist und x eingegeben wird,
   dann geht A mit der Wahrscheinlichkeit 1 in den Zustand
   $\delta(x,z)$ über.)

Z-determinierte SA sind spezielle observable SA, bei denen die Abbildung β nicht von y abhängt (siehe Def.18).
Für Z-determinierte Automaten gilt Satz 14 entsprechend
(man beweise dies!), und ebenso sind reduzierte Z-determinierte Automaten im allgemeinen nicht minimal (siehe
Beispiel 2, Fig.12). Weiterhin gibt es minimale Z-determinierte Automaten, die nicht starkreduziert sind (Beispiel 7, Fig.19). Eine zu 2.5.2. analoge Z-determinierte
Erweiterung existiert im allgemeinen nicht (siehe Aufgabe
ii) unten).

<u>Aufgaben:</u>

i) Es sei A = (X,Y,Z;p) ein SA. Man zeige:

A ist genau dann observabel, wenn für alle $u \in X^*$, $v \in Y^*$ in jeder Zeile von $P(v|u)$ höchstens ein von Null verschiedenes Element steht.

A ist genau dann Z-determiniert, wenn für alle $u \in X^*$ in jeder Zeile von $P(u) = \sum_{v \in Y^*} P(v|u)$ genau eine 1 steht.

ii) Es sei A = (X,Y,Z;p) mit X = {x}, Y = $\{y_1, y_2\}$ und Z = $\{z_1, z_2\}$, und p sei wie in Fig.27 angegeben.

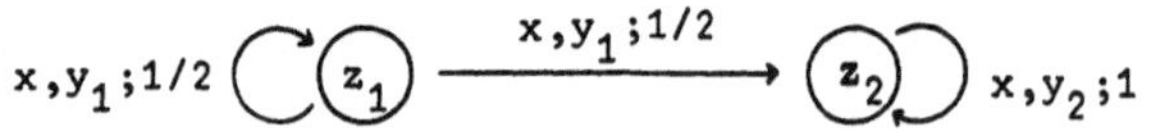

Fig.27

Man zeige: Zu (dem observablen SA) A existiert kein Z-determinierter SA A' mit A $\approx$ A'. (Man verwende Aufgabe i) oben und die Aufgabe iv) in 2.2.2.)

2.5.4. Y-determinierte Automaten

<u>Definition 21</u>: Ein SA A = (X,Y,Z;p) heißt Ausgabe-determiniert (Y-determiniert), wenn es eine Abbildung $\lambda : X \times Z \longrightarrow Z$ gibt, so daß für alle $x \in X$, $z \in Z$ gilt $p(\lambda(x,z),Z|x,z) = 1$.

(D.h. wenn A im Zustand z ist und x eingegeben wird, dann gibt A mit der Wahrscheinlichkeit 1 das Zeichen $\lambda(x,z)$ aus.)

Ein Y-determinierter SA ist im allgemeinen nicht observabel. Es gelten ähnliche Aussagen wie bei Z-determinierten Automaten, nur sind die Beweise hierfür unterschiedlich.

<u>Hilfssatz 23</u>: Zu jedem Y-determinierten SA existiert ein Y-determinierter reduzierter SA.

Beweis: Man konstruiere zu dem Y-determinierten SA A einen
reduzierten SA A' nach Satz 1. Mit der dort verwendeten
Bezeichnung gilt: wenn z_1, $z_2 \in Z_i$ sind, dann ist
$z_1 \sim z_2$, und speziell gilt für jedes $x \in X$ und $y \in Y$:
$z_1 \cdot \eta(y|x) = z_2 \cdot \eta(y|x)$. Ist dieser Wert $\neq 0$, dann muß
$y = \lambda(x,z_1) = \lambda(x,z_2)$ sein, da A Y-determiniert ist.
Die Abbildung $\lambda' : X \times Z' \longrightarrow Z'$ mit $\lambda'(x,Z_i) = y$, falls
$\lambda(x,z) = y$ für ein $z \in Z_i$ ist, ist daher wohldefiniert,
und es gilt $p'(\lambda'(x,Z_i),Z'|x,Z_i) = 1$ für alle $x \in X$
und $Z_i \in Z'$. Also ist A' ebenfalls Y-determiniert.

Es ist offensichtlich, daß es zu einem beliebigen SA A im
allgemeinen keinen äquivalenten Y-determinierten SA geben
kann.

Aufgaben:

i) Man untersuche, ob Satz 14 auch für Y-determinierte SA
gilt.
ii) Man gebe einen Y-determinierten SA an, der minimal,
aber nicht starkreduziert ist.
iii) Man zeige: Ist A observabel und minimal, ist A' ein
beliebiger minimaler SA und gilt $A \approx A'$, dann sind A
und A' isomorph (insbesondere ist A' observabel).
iv) Man zeige, daß die Aussage von iii) nicht für Y-determinierte Automaten gilt (man verwende Aufgabe ii)).

2.5.5. Determinierte Automaten

Definition 22: Ein SA $A = (X,Y,Z;p)$ heißt determiniert,
wenn es zwei Abbildungen $\delta : X \times Z \longrightarrow Z$ und
$\lambda : X \times Z \longrightarrow Y$ gibt, so daß für alle $x \in X$ und $z \in Z$
gilt $p(\lambda(x,z),\delta(x,z)|x,z) = 1$.

Diese Definition stimmt mit der im Anhang angegebenen Definition überein. Ein SA ist genau dann determiniert, wenn
er Y- und Z-determiniert ist. Für determinierte Automaten
gilt ([18]):

<u>Hilfssatz 24</u>: Ein determinierter SA ist genau dann reduziert, wenn er minimal ist.

Beweis: Es sei $A = (X,Y,Z;p)$ ein reduzierter determinierter SA. Es sei $z \in Z$, und es gebe ein $\pi \neq z$ mit $z \sim \pi$. Zu jedem $u \in X^{*}$ existiert genau ein $v \in Y^{*}$ und $z' \in Z$ mit $p(v,z'|u,z) = 1$, da A determiniert ist. Also gilt $p(v,z'|u,z) = z \cdot \eta(v|u) = 1 = \pi \cdot \eta(v|u)$, da $z \sim \pi$. $\pi \cdot \eta(v|u)$ kann aber nur dann 1 sein, wenn alle Komponenten $\eta_i(v|u) = 1$ sind, für die $\pi_i \neq 0$ gilt. Also ist $\eta_i(v|u) = z_i \cdot \eta(v|u) = 1 = z \cdot \eta(v|u)$ für alle u und v, woraus $z \sim z_i$ folgt. Da aber A reduziert ist, kann es keine $z_i \neq z$ mit dieser Eigenschaft geben; also gibt es auch kein $\pi \neq z$ mit $z \sim \pi$, d.h. A ist minimal.
Die Umkehrung ist trivial, da jeder minimale SA reduziert ist.

Man sieht unmittelbar ein, daß Satz 14 auch für determinierte Automaten gilt. Da ein determinierter SA insbesondere observabel ist, so folgt hieraus, aus Hilfssatz 24 und aus Aufgabe iii) in 2.5.4.:

<u>Satz 15</u>: Es sei A ein beliebiger SA und
$M_A = \{A''|A''$ beliebiger SA mit $A'' \approx A\}$ die Menge aller zu A äquivalenten SA.
Wenn es in M_A einen determinierten Automaten gibt, dann gibt es in M_A bis auf Isomorphie genau einen reduzierten Automaten A', der zugleich determiniert und minimal ist.

Im allgemeinen kann man auf A' nur die determinierten Automaten, die in M_A liegen, Z-epimorph abbilden, wie folgendes Beispiel zeigt:

<u>Beispiel 10</u>: Es sei $A = (\{x\},\{y_1,y_2\},\{z_1,z_2,z_3\};p)$ ein observabler SA mit

$$P(y_1|x) = \begin{pmatrix} 1 & 0 & 0 \\ 0 & 0 & 0 \\ 1/2 & 0 & 0 \end{pmatrix}, \qquad P(y_2|x) = \begin{pmatrix} 0 & 0 & 0 \\ 0 & 1 & 0 \\ 0 & 1/2 & 0 \end{pmatrix}.$$

Dann ist $A' = (\{x\},\{y_1,y_2\},\{z_1',z_2'\};p')$ mit

$$P'(y_1|x) = \begin{pmatrix} 1 & 0 \\ 0 & 0 \end{pmatrix}, \qquad P(y_2|x) = \begin{pmatrix} 0 & 0 \\ 0 & 1 \end{pmatrix}$$

der zu A reduzierte determinierte SA nach Satz 15, aber
es gibt keinen Z-Epimorphismus $\phi : A \longrightarrow A'$.

Daß minimale determinierte Automaten nicht notwendig starkreduziert sein müssen, zeigt Beispiel 7 (Fig.19, 20).
Aus Satz 15 fogt: Für die Reduktionstheorie der determinierten Automaten bietet die Einbettung der determinierten
Automaten in die Menge der stochastischen Automaten keine
Vorteile. Auch mit Hilfe von Überdeckungen läßt sich die
Zahl der Zustände eines reduzierten determinierten Automaten nicht verringern (siehe Aufgabe ii) unten). Will
man die Zustandszahl dennoch verringern, so muß man einen
anderen Äquivalenzbegriff einführen, z.B. durch Vergleich
ausschließlich des letzten Buchstabens (siehe Kapitel 3).

Aufgaben

i) Man zeige: Ein SA ist dann und nur dann determiniert,
   wenn er observabel und Y-determiniert ist.

ii) Man zeige: Ist A ein determinierter reduzierter Auto-
    mat und ist A' ein SA mit $A' \geq A$, dann besitzt A' min-
    destens soviele Zustände wie A.

iii) Man zeige: Ist ϕ ein Homomorphismus im Sinne von De-
     finition 15 zwischen zwei determinierten Automaten,
     dann ist ϕ ein Homomorphismus im Sinne der Theorie der
     determinierten Automaten (siehe Anhang) und umgekehrt.
     Definition 15 stellt also eine sinnvolle Erweiterung
     des bei determinierten Automaten üblichen Homomorphie-
     begriffs dar.

iv) Nach Aufgabe i) könnte man vermuten, daß die observa-
    ble Erweiterung eines Y-determinierten SA stets deter-
    miniert ist. Ist diese Aussage richtig? Gilt eine Um-
    kehrung?

2.5.6. Mealy- und Moore-Automaten

Bei determinierten Automaten unterscheidet man manchmal
Mealy- und Moore-Automaten (siehe Anhang). Eine Verallgemeinerung dieser Automatentypen auf stochastische Automaten könnte lauten: Bei einem Mealy-Automaten sind die
Ausgabe und die Zustandsänderung stochastisch unabhängige
Prozesse, und bei einem Moore-Automaten hängt die Ausgabe
ausschließlich vom Folgezustand ab. Dementsprechend definieren wir ([62]):

Definition 23: Es sei $A = (X,Y,Z;p)$ ein SA.

   i) A heißt stochastischer Mealy-Automat, wenn es be-
      dingte Wahrscheinlichkeitsmaße $p_1(.|x,z)$ und
      $p_2(.|x,z)$ über Y, bzw. Z gibt, so daß für alle
      $x \in X$, $y \in Y$, $z,z' \in Z$ gilt:
      $p(y,z'|x,z) = p_1(y|x,z) \cdot p_2(z'|x,z)$.

  ii) A heißt stochastischer Moore-Automat, wenn es be-
      dingte Wahrscheinlichkeitsmaße $\mu(.|z')$ und $\tilde{p}(.|x,z)$
      über Y, bzw. Z gibt, so daß für alle $x \in X$, $y \in Y$,
      $z,z' \in Z$ gilt:
      $p(y,z'|x,z) = \mu(y|z') \cdot \tilde{p}(z'|x,z)$.

Die bedingten Wahrscheinlichkeitsmaße p_1, p_2, μ und $\tilde{p}$ sind
im allgemeinen nicht eindeutig bestimmt.
Stochastische Moore-Automaten stellen bis auf Z-Epimorphie
bereits den allgemeinsten Typ von SA dar, Mealy-Automaten
dagegen nicht.

Satz 16: Zu jedem SA $A = (X,Y,Z;p)$ existiert ein stocha-
      stischer Moore-Automat $A' = (X,Y,Z';p')$ und ein Z-Epi-
      morphismus $\phi : A' \longrightarrow A$ (insbesondere gilt $A \sim A'$). Ist
      A endlich, so kann man A' ebenfalls endlich wählen.

Beweis: Man setze $Z' = Y \times Z$ und

$$p'(y_2,(y_1,z_1)|x,(y_0,z_0)) := \begin{cases} p(y_1,z_1|x,z_0), & \text{falls } y_1 = y_2 \\ 0 & , \text{ sonst} \end{cases}$$

für alle $y_2 \in Y$, $x \in X$, (y_1,z_1), $(y_0,z_0) \in Z'$.
Setzt man weiterhin für $x \in X$, (y_1,z_1), $(y_0,z_0) \in Z'$,

$y_2 \in Y$: $\tilde{p}((y_1,z_1)|x,(y_o,z_o)) := p(y_1,z_1|x,z_o)$ und

$$\mu(y_2|(y_1,z_1)) := \begin{cases} 1 & \text{falls } y_1 = y_2 \\ 0 & \text{sonst}, \end{cases}$$

dann gilt für alle $x \in X$, $y_2 \in Y$, (y_1,z_1), $(y_o,z_o) \in Z'$:

$$p'(y_2,(y_1,z_1)|x,(y_o,z_o)) = \mu(y_2|(y_1,z_1)) \cdot \tilde{p}((y_1,z_1)|x,(y_o,z_o)).$$

Man sieht nun direkt, daß A' ein stochastischer Moore-Automat ist, bei dem sogar μ eine "determinierte" Abbildung ist, d.h. der Folgezustand bestimmt eindeutig das Ausgabezeichen.

Es sei $\phi : Z' \longrightarrow Z$ definiert durch $\phi((y,z)) = z$, für alle $(y,z) \in Z'$. Dann gilt:

$$p'(y_2,\phi^{-1}\phi((y_1,z_1))|x,(y_o,z_o))$$
$$= \sum_{y \in Y} p'(y_2,(y,z_1)|x,(y_o,z_o)) = p'(y_2,(y_2,z_1)|x,(y_o,z_o))$$
$$= p(y_2,z_1|x,z_o) = p(y_2,\phi((y_1,z_1))|x,\phi((y_o,z_o))),$$

d.h. ϕ ist ein Z-Epimorphismus von A' auf A.

Aus der Konstruktion folgt: Ist A endlich, dann auch A'. Damit ist Satz 16 bewiesen.

Weitere Aussagen über Moore- und Mealy-Automaten entnehme man den folgenden Aufgaben.

<u>Aufgaben</u>:

i) Man zeige: Jeder Z-determinierte und jeder Y-determinierte SA ist ein stochastischer Mealy-Automat.

ii) Man zeige: Ein Mealy-Automat ist genau dann observabel, wenn er Z-determiniert ist.

iii) Man zeige: Zu jedem Mealy-Automaten existiert ein reduzierter Mealy-Automat. Gilt diese Aussage auch für Moore-Automaten?

iv) Die stochastische Unabhängigkeit des Ausgabe- und des Zustandsänderungsprozesses stellt eine Einschränkung der SA dar. Daher ist folgende Aussage zu erwarten: Es gibt endliche SA, zu denen kein Z-äquivalenter stochastischer Mealy-Automat existiert. Man beweise dies. (Hinweis: wenn η_i die i-te Komponente des Ergebnisvektors η ist, dann gilt für Mealy-Automaten: der Quo-

tient $\dfrac{n_i(yv|xu)}{n_i(y|x)}$ ist unabhängig von y. Man beweise

dies und konstruiere dann einen ESA, für den diese
Aussage nicht zutrifft.)

v) Man untersuche, ob der in Satz 16 angegebene SA im wesentlichen der einzige Z-äquivalente Moore-Automat zu
einem gegebenen SA A ist. (Hinweis: man verwende als
Zustandsmenge andere kartesische Produkte, z.B.
$Z \times X \times Z$.)

Kapitel 3: Stochastische Sprachen

3.1. Stochastische Akzeptoren

3.1.1. Einleitung und Definition

Nicht immer interessiert man sich bei stochastischen Automaten für die Ausgabe. Zum Beispiel kann man bei dem Verkehrsmodell in 1.2.5. auf die Ausgabe verzichten, und in Beispiel 8 (2.5.1.) kann man aus der Zustandsänderung unmittelbar auf die Ausgabe schließen, abgesehen davon, daß es dort eigentlich nur auf den Anfangs- und Endzustand ankommt. In diesem Beispiel 8 könnte man nach der Menge der Eingabewörter $u \in X^*$ fragen, für die die Wahrscheinlichkeit, um aus einem vorgegebenen Anfangszustand i in den Zustand N (Sprengung der Bank) zu gelangen, größer als eine gegebene Schranke λ ist. In diesem Kapitel werden wir gerade solche Wortmengen untersuchen.
Ein zweites Interesse hierfür besteht darin, einen anderen Äquivalenzbegriff einzuführen und damit die Anzahl der Zustände eines Automaten weiter zu reduzieren. Es wird sich zeigen, daß man auf diese Weise determinierte Automaten in manchen Fällen sehr stark verkleinern kann.
Wir werden zur Definition stochastischer Akzeptoren die Definition 1 weitgehend übernehmen, jedoch wird anstelle der Ausgabe ein Vektor treten, der die ausgezeichneten Endzustände darstellt; weiterhin betrachten wir anstelle der bedingten Wahrscheinlichkeiten sofort stochastische Matrizen. Der wesentliche Unterschied besteht darin, daß in diesem Kapitel ausschließlich endliche Zustandsmengen verwendet werden.

Definition 24 ([47]): $B = (X,Z,\{P(x)|x \in X\},\pi,f)$ heißt
   stochastischer Akzeptor (SAkz.) genau dann, wenn folgendes gilt:
   i) X und Z sind endliche, nichtleere Mengen (Eingabealphabet bzw. Zustandsmenge),

ii) für jedes $x \in X$ ist $P(x)$ eine stochastische
(n,n)-Matrix, wobei n die Anzahl der Zustände ist,

iii) π ist eine Zustandsverteilung über Z (analog zu
Definition 5 in 1.3.3.), π heißt Anfangsverteilung
von B,

iv) f ist ein n-dimensionaler Spaltenvektor, dessen
Komponenten 0 oder 1 sein können; f heißt Vektor
der Endzustände.

Wenn $Z = \{z_1,\ldots,z_n\}$ und $f = \begin{pmatrix} f_1 \\ \vdots \\ f_n \end{pmatrix}$ ist, dann heißt

$F = \{z_i \mid f_i = 1\}$ die Menge der Endzustände von Z. Das
(i,j)-te Element von $P(x)$ bezeichnen wir (analog zu früher)
mit $p(z_j \mid x, z_i)$ und fassen es als die Wahrscheinlichkeit
auf, um bei Eingabe von x vom Zustand z_i in den Zustand
z_j zu gelangen.
Die Arbeitsweise von B wird gerade durch die Multiplikation der entsprechenden Matrizen dargestellt, d.h. wenn
$u = x_1 \ldots x_r \in X^*$ (mit $x_i \in X$ für $i=1,\ldots,r$) in B eingegeben wird, dann gibt das (i,j)-te Element $p(z_j \mid u, z_i)$ der
Matrix $P(u) = P(x_1) \cdot \ldots \cdot P(x_r)$ die Wahrscheinlichkeit an,
um bei Eingabe von u von z_i nach z_j zu gelangen. $P(e)$ ist
definitionsgemäß die Einheitsmatrix.

Definition 25: $B = (X, Z, \{P(x) \mid x \in X\}, \pi, f)$ heißt determinierter Akzeptor, falls jede Matrix $P(x)$ in jeder Zei-
le genau eine 1 besitzt.

Bis auf die Anfangsverteilung π stimmt diese Definition
mit der im Anhang angegebenen überein.

Bemerkung: Für jedes $x \in X$ kann man $P(x)$ als die zu einer
Markow-Kette gehörende Matrix auffassen. In diesem Sinne
kann man die Arbeitsweise von B als Ineinanderschachteln
von Markow-Ketten deuten. Selbstverständlich kann man
stochastische Akzeptoren auf den zeitabhängigen Fall ver-

allgemeinern: man führt eine Parametermenge T (die Zeit)
ein und wählt als Matrizenmenge $\{P(x,t)\,|\,x\,\epsilon\,X,\ t\,\epsilon\,T\}$,
womit man für jedes feste x einen Markowprozeß mit end-
licher Zustandsmenge erhält.

3.1.2. Definition der stochastischen Sprachen

Wird ein Wort $u\,\epsilon\,X^*$ in B eingegeben, so geht B von der
Anfangsverteilung π in die Zustandsverteilung $\pi\cdot P(u)$ über.
Wir interessieren uns nun für die Wahrscheinlichkeit, hier-
bei in einen der Endzustände zu gelangen, d.h. für $\pi\cdot P(u)\cdot f$.
Diese Zahl soll einen bestimmten Wert λ überschreiten. Da-
her definieren wir ($[51]$):

Definition 26: Es sei B ein SAkz wie in Definition 24 und
$\quad$ λ eine reelle Zahl mit $0 \le \lambda \le 1$. Die Menge
$\quad$ $L(B,\lambda) \subseteq X^*$ mit $L(B,\lambda) = \{u\,\epsilon\,X^*\,|\,\pi P(u)f > \lambda\}$
$\quad$ heißt die von B akzeptierte Sprache zum Schnittpunkt λ.

Definition 27: Eine Teilmenge $L \subseteq X^*$ heißt λ-stochastische
$\quad$ Sprache, falls es einen SAkz B gibt mit $L = L(B,\lambda)$.
$\quad$ L heißt stochastische Sprache, falls L λ-stochastisch
$\quad$ ist für ein λ mit $0 \le \lambda \le 1$. L heißt λ-regulär, falls
$\quad$ B determiniert ist. L heißt regulär, falls L λ-regulär
$\quad$ für ein λ ist.

Wir wollen zunächst zeigen, daß 0-stochastische Sprachen
regulär sind, und werden hieraus folgern, daß jede λ-re-
guläre Sprache auch regulär im Sinne der Definition im
Anhang ist, d.h. die obige Definition 27 regulärer Sprachen stimmt mit der im Anhang angegebenen überein.

Hilfssatz 25: Jede 0-stochastische Sprache ist regulär.

Beweis: Es sei $B = (X,Z,\{P(x)\,|\,x\,\epsilon\,X\},\pi,f)$ mit
$\quad$ $Z = \{z_1,\ldots,z_n\}$ ein SAkz und $L = L(B,0)$. Dann betrachte
$\quad$ man den determinierten Akzeptor $B' = (X,Z',\{P'(x)\,|\,x\,\epsilon\,X\},$
$$\pi',f')\text{ mit}$$
$\quad$ i) $Z' = 2^Z$ (Potenzmenge von Z)

ii) f' ist eindeutig durch die Menge der Endzustände
$F' = \{\tilde{Z} \in Z' \,|\, \tilde{Z} \cap F \neq \emptyset\}$ bestimmt, wobei F die Menge
der Endzustände von B ist,

iii) die Matrizen P' sind definiert durch
$$p'(Z_j \,|\, x, Z_i) = \begin{cases} 1 \text{ falls } Z_j = \{\tilde{z} \in Z \,|\, \text{es existiert} \\ \quad\quad z \in Z_i \text{ mit } p(\tilde{z} \,|\, x, z) \neq 0\} \\ 0 \text{ sonst} \end{cases}$$

für alle $x \in X$, Z_i, $Z_j \in Z'$,

iv) es sei $Z' = \{Z_1, Z_2, \ldots, Z_{2^n}\}$, weiter sei $\pi = (\pi_1, \ldots, \pi_n)$
und $Z'' = \{z_i \in Z \,|\, \pi_i \neq 0\}$, dann sei
$$\pi' = (\pi'_1, \ldots, \pi'_{2^n}) \text{ mit } \quad \pi'_i = \begin{cases} 1 & \text{falls } Z_i = Z'' \\ 0 & \text{sonst} \end{cases}$$

Dann gilt: $L(B,0) = L(B',0)$. Den Beweis dieser Aussage
überlassen wir dem Leser.

<u>Hilfssatz 26</u>: Es sei $B = (X, Z, \{P(x) \,|\, x \in X\}, \pi, f)$ ein deter-
minierter Akzeptor und λ ein Schnittpunkt. Dann gibt es
einen determinierten Akzeptor $B' = (X, Z', \{P'(x) \,|\, x \in X\},$
$z', f')$ mit $z' \in Z'$, so daß $L(B, \lambda) = L(B', 0)$ gilt.
(Hierdurch ist die Bezeichnung "regulär" in Definition
27 gerechtfertigt.)

Beweis: Es sei $Z = \{z_1, \ldots, z_n\}$ und $\pi = \sum_{i=1}^{n} \pi_i z_i$.

Weiter sei B_i der aus B entstehende Akzeptor, wenn man
π durch z_i ersetzt. Dann gilt:

$u \in L(B, \lambda) \iff \sum_{i=1}^{n} \pi_i z_i \cdot P(u) \cdot f > \lambda$

$\iff$ Es gibt eine nicht leere Teilmenge
$\{j_1, \ldots, j_k\} \subseteq \{1, \ldots, n\}$ mit

$\sum_{i=1}^{k} \pi_{j_i} > \lambda$ und $u \in L(B_{j_i}, 0)$ für

alle $i = 1, \ldots, k$.

$\iff u \in \bigcup (L(B_{j_1}, 0) \cap \ldots \cap L(B_{j_k}, 0)) =: L'$,

$$\text{wobei die Vereinigung über alle nicht leeren Teilmengen } \{j_1, \ldots, j_k\} \subseteq \{1, \ldots, n\}$$
$$\text{mit } \sum_{i=1}^{k} \pi_{j_i} > \lambda \text{ genommen wird.}$$

$L' = L(B,\lambda)$ ist endliche Vereinigung von Durchschnitten regulärer Sprachen im Sinne der Theorie determinierter Akzeptoren im Anhang. Daher ist auch L' in diesem Sinne regulär, und deshalb existiert ein B' mit der gewünschten Eigenschaft.

<u>Aufgaben</u>:

i) Da man stochastische Akzeptoren als eine endliche Menge von Markow-Ketten auffassen kann (siehe Bemerkung in 3.1.1.), liegt es nahe, die dort üblichen Begriffe der wesentlichen und unwesentlichen Zustände zu übertragen. Es sei $B = (X, Z, \{P(x) | x \in X\}, \pi, f)$ ein SAkz mit n Zuständen. Ein Zustand $z \in Z$ heißt unwesentlich (oder "transient"), wenn es zu jedem Wort $u \in X^*$, dessen Länge gleich $(n-1)$ ist, einen Zustand z' gibt, so daß $p(z'|u,z) > 0$, aber $p(z|u',z') = 0$ für alle $u' \in X^*$ gilt; d.h. die Wahrscheinlichkeit, nach Eingabe von $(n-1)$ Zeichen in einen Zustand zu gelangen, von dem man nicht nach z zurückkehren kann, ist von 0 verschieden.

   a) Man gebe ein Verfahren an, um zu gegebenem $z \in Z$ zu entscheiden, ob z unwesentlich ist.

   b) Man zeige: besteht die Menge F der Endzustände nur aus unwesentlichen Zuständen, dann ist $L(B,\lambda)$ regulär, und für $\lambda > 0$ ist $L(B,\lambda)$ sogar eine endliche Menge.

ii) Es sei $B = (\{x\}, \{z_1, z_2\}, \{P(x)\}, \pi, f)$ der durch
$$P(x) = \begin{pmatrix} 1/2 & 1/2 \\ 0 & 1 \end{pmatrix}, \quad \pi = (1,0) \quad \text{und} \quad f = \begin{pmatrix} 0 \\ 1 \end{pmatrix} \text{ definierte}$$
stochastische Akzeptor.

   a) Man gebe für jedes λ mit $0 \leq \lambda \leq 1$ die akzeptierte Sprache $L(B,\lambda)$ an und zeige, daß sie stets regulär ist.

b) Für $\lambda = 31/32$ gebe man einen determinierten Akzeptor an, der genau $L(B,\lambda)$ akzeptiert. Man vergleiche die Anzahl der Zustände.

3.1.3. m-adische Akzeptoren

In der Literatur werden die m-adischen Akzeptoren gerne verwendet, um zu zeigen, daß die Menge der stochastischen Sprachen die Menge der regulären Sprachen echt umfaßt.

<u>Definition 28</u>: Es sei $m \geq 2$ eine natürliche Zahl. Dann

heißt der SAkz $B = (\{0,\ldots,m-1\},\{z_1,z_2\},\{P(x)|x=0,\ldots,m-1\},$

$$,(1,0),\begin{pmatrix}0\\1\end{pmatrix})$$

ein m-adischer Akzeptor, wenn

$$P(x) = \begin{pmatrix} 1 - \dfrac{x}{m} & \dfrac{x}{m} \\ 1 - \dfrac{x+1}{m} & \dfrac{x+1}{m} \end{pmatrix} \qquad \text{für } x = 0,\ldots,m-1 \text{ ist.}$$

Man kann jedem Wort $u = x_1\ldots x_r \in \{0,\ldots,m-1\}^*$ die Zahl zuordnen, deren m-adische Darstellung $0.x_r x_{r-1}\ldots x_1$ ist. Es gilt nun:

<u>Hilfssatz 27</u>: Sei $X = \{0,\ldots,m-1\}$, B ein m-adischer Akzeptor und λ ein Schnittpunkt. Dann ist
$$L(B,\lambda) = \{x_1\ldots x_r \in X^* | 0.x_r\ldots x_1 > \lambda\}.$$

Beweis: $x_1\ldots x_r$ ist aus $L(B,\lambda)$, falls $\pi \cdot P(x_1\ldots x_r) \cdot f > \lambda$, d.h. falls das Element oben rechts in der Matrix $P(x_1\ldots x_r)$ größer als λ ist. Wir nehmen an, daß $P(x_1\ldots x_r)$ die Gestalt

$$\begin{pmatrix} 1 - \delta & \delta \\ 1 - q & q \end{pmatrix} \qquad \text{mit } \delta = 0.x_r\ldots x_1 \text{ besitzt (q ist irgend-}$$

eine Zahl zwischen Null und 1, die im folgenden nicht interessiert). Für $r=1$ ist diese Aussage sicher richtig. Dann besitzt für ein $x \in X$ die Matrix $P(x_1\ldots x_r x) = P(x_1\ldots x_r) \cdot P(x)$ als oberes rechtes Element die Zahl

$$(1 - \delta) \cdot \frac{x}{m} + \delta \cdot \frac{x+1}{m} = \frac{x}{m} + \frac{\delta}{m} = 0.x + 0.0x_r \ldots x_1$$

$$= 0.xx_r \ldots x_1.$$

Durch Induktion folgt daher: $x_1 \ldots x_r \in L(B,\lambda)$ genau
dann, wenn $0.x_r \ldots x_1 > \lambda$ ist.

<u>Hilfssatz 28</u>: Es seien X,B und λ wie in Hilfssatz 27.
$L(B,\lambda)$ ist genau dann eine reguläre Sprache, wenn λ
eine rationale Zahl ist.

Beweis: Dieser Hilfssatz wurde erstmals in [47] bewiesen.
Wir folgen hier dem sehr viel kürzeren Beweis von [3],
der den Satz von Nerode (siehe Anhang) verwendet.
Es sei $\equiv$ die Äquivalenzrelation von Nerode bzgl. der
Menge $L(B,\lambda)$. Zwei Wörter $u,v \in X^*$ gehören genau dann
zu verschiedenen Klassen bzgl. $\equiv$, wenn es ein $w \in X^*$
gibt mit $0.\mathrm{sp}(uw) \leq \lambda < 0.\mathrm{sp}(vw)$ oder
$0.\mathrm{sp}(vw) \leq \lambda < 0.\mathrm{sp}(uw)$, wobei $\mathrm{sp}(x_1 \ldots x_r) = x_r \ldots x_1$
für alle Wörter $x_1 \ldots x_r \in X^*$ sei (Spiegelbild des Wor-
tes). O.B.d.A. nehmen wir an, daß $0.\mathrm{sp}(uw) \leq \lambda < 0.\mathrm{sp}(vw)$
ist, d.h. $0.\mathrm{sp}(w)\mathrm{sp}(u) \leq \lambda < 0.\mathrm{sp}(w)\mathrm{sp}(v)$. Dann muß λ
aber die Gestalt $\lambda = 0.\mathrm{sp}(w)\xi_1\xi_2 \ldots$ besitzen. Setzt man
$\lambda_w = 0.\xi_1\xi_2 \ldots$, dann gilt also $0.\mathrm{sp}(u) \leq \lambda_w < 0.\mathrm{sp}(v)$.
Genau mit Hilfe solcher λ_w kann man die Wörter, die
verschiedenen Klassen angehören trennen, d.h. die Äquivalenzrelation $\equiv$ besitzt genau die Klassen
$\{u \in X^* \mid \lambda_{w_1} < 0.\mathrm{sp}(u) \leq \lambda_{w_2}$, und es gibt kein w' mit

$$\lambda_{w_1} < \lambda_{w'} < \lambda_{w_2}\}.$$

Da $\lambda = 0.\mathrm{sp}(w) + \dfrac{\lambda_w}{m^t}$ ist, wobei t die Länge von w ist,

so gibt es genau dann nur endlich viele Klassen bzgl.
$\equiv$, wenn es nur endlich viele λ_w mit dieser Eigenschaft
gibt, d.h. wenn λ eine schließlich periodische Zahl,
also eine rationale Zahl ist. Damit ist Hilfssatz 28
bewiesen.

Wählt man daher λ nicht rational, so erhält man stochastische Sprachen, die nicht regulär sind. Dies ist nicht überraschend; denn man hat determinierte Akzeptoren eingeführt, um spezielle Algorithmen zu beschreiben; fast jede reelle Zahl läßt sich aber nicht mit Hilfe eines Algorithmus beschreiben (die Menge der Algorithmen ist offensichtlich abzählbar!), so daß durch beliebige reelle Zahlen als Schnittpunkte eine nicht-algorithmische Beschreibung eingeführt wird, die über die Leistung eines determinierten Akzeptors hinausgeht.

<u>Bemerkung:</u> Da für $\lambda_1 \neq \lambda_2$ auch $L(B,\lambda_1) \neq L(B,\lambda_2)$ gilt, so ist die Menge der stochastischen Sprachen, die B akzeptiert, überabzählbar. Daher muß es stochastische Sprachen geben, die nicht von den sog. Turingmaschinen ([26]) erkannt werden können.

Aus diesen Gründen halten wir folgendes Beispiel für sinnvoller, um zu zeigen, daß stochastische Akzeptoren leistungsfähiger als determinierte sind.

<u>Beispiel 11</u> ([56]): Es sei
$$B = (\{x,y\},\{z_1,\ldots,z_5\},\{P(x),P(y)\},\pi,f) \text{ ein SAkz mit}$$

$$P(x) = \begin{pmatrix} 1/2 & 1/2 & 0 & 0 & 0 \\ 0 & 1 & 0 & 0 & 0 \\ 0 & 0 & 0 & 0 & 1 \\ 0 & 0 & 0 & 0 & 1 \\ 0 & 0 & 0 & 0 & 1 \end{pmatrix} \qquad \pi = (1,0,0,0,0)$$

$$P(y) = \begin{pmatrix} 0 & 0 & 1/2 & 1/2 & 0 \\ 0 & 0 & 1/2 & 0 & 1/2 \\ 0 & 0 & 1/2 & 1/2 & 0 \\ 0 & 0 & 0 & 1 & 0 \\ 0 & 0 & 0 & 0 & 1 \end{pmatrix} \qquad f = \begin{pmatrix} 0 \\ 0 \\ 0 \\ 1 \\ 0 \end{pmatrix}.$$

Wie stochastische Automaten kann man auch SAkz durch einen Graphen darstellen, wobei nur die Ausgabe des SA weggelassen wird. B ist in Fig. 28 als Graph dargestellt. Man sieht unmittelbar: gibt man ein Wort $u \in \{x,y\}^*$ ein,

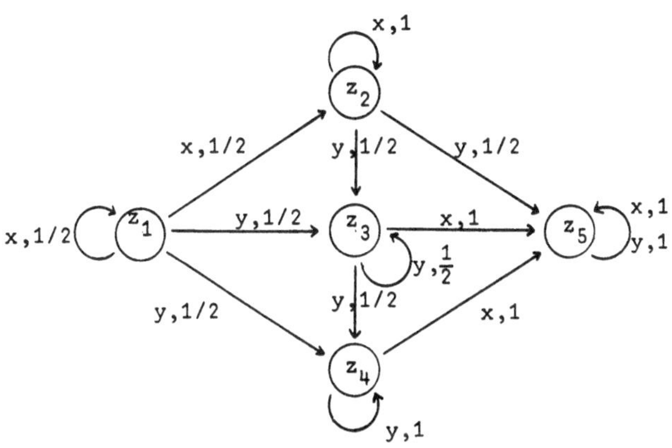

Fig.28

das nicht die Form $x^i y^j$ mit $j \geq 1$ besitzt, so ist $\pi P(u)f = 0$. Andererseits ist für $j \geq 1$ und $i \geq 0$:

$\pi P(x^i y^j)f =$

$= p(z_2|x^i,z_1) \cdot p(z_4|y^j,z_2) + p(z_1|x^i,z_1) \cdot p(z_4|y^j,z_1)$

$= \left(1 - \left(\tfrac{1}{2}\right)^i\right) \cdot \left(\tfrac{1}{2} - \left(\tfrac{1}{2}\right)^j\right) + \left(\tfrac{1}{2}\right)^i \cdot \left(1 - \left(\tfrac{1}{2}\right)^j\right)$

$= \tfrac{1}{2} + \left(\tfrac{1}{2}\right)^{i+1} - \left(\tfrac{1}{2}\right)^j$,

wie man leicht nachrechnet. Daher gilt:

$L(B,\tfrac{1}{2}) = \{x^i y^j \,|\, j \geq i+2,\ i \geq 0\}$.

Wie im Anhang 1 mit Hilfe des Satzes von Nerode gezeigt wird, ist diese Sprache nicht regulär.

Das Ergebnis von Hilfssatz 28 und Beispiel 11 fassen wir zusammen in folgendem

Satz 17: Jede reguläre Sprache ist stochastisch, aber nicht umgekehrt. Es gibt SAkz B, deren Matrizen und deren Anfangsverteilung nur durch rationale Zahlen beschrieben werden, und rationale Schnittpunkte λ, so daß $L(B,\lambda)$ nicht regulär ist.

Wenn man die Menge $\{\pi \cdot P(u) \cdot f \mid u \in X^*\}$ aller möglichen Wahrscheinlichkeiten betrachtet, dann fällt auf, daß die in Hilfssatz 28 und Beispiel 11 verwendeten Schnittpunkte λ in dieser Menge Häufungspunkte darstellen. Wir werden in 3.2.2. sehen, daß λ notwendig ein solcher Häufungspunkt sein muß, damit $L(B,\lambda)$ nicht regulär ist.

<u>Aufgaben:</u>

i) Man konstruiere einen SAkz B, so daß für einen Schnittpunkt λ gilt: $L(B,\lambda) = \{x^i y^j \mid i > j > 0\}$.

ii) Nach Hilfssatz 28 ist $L(B,\lambda)$ für einen m-adischen Akzeptor B und ein rationales λ regulär. Man konstruiere zu m und λ einen determinierten Akzeptor, der genau diese Sprache akzeptiert.

iii) Man zeige ([54]): Die zu den von m-adischen Akzeptoren akzeptierten Sprachen gespiegelten Sprachen
$sp(L(B,\lambda)) = \{x_1 \ldots x_r \in X^* \mid 0.x_1 \ldots x_r > \lambda\}$ sind ebenfalls stochastische Sprachen. (Hinweis: Man konstruiere einen 3-Zustands-Akzeptor, dessen Matrizen die Form

$$\begin{pmatrix} 1/m & a & b \\ 0 & 1 & 0 \\ 0 & 0 & 1 \end{pmatrix}$$

mit geeigneten a und b haben.)

iv) In [53] wurde gezeigt: Es sei B ein SAkz, der zwei Zustände und nur ein Eingabezeichen x besitzt. Dann ist jede Sprache $L(B,\lambda) \subseteq \{x\}^*$ regulär. Dies gilt nicht mehr für Akzeptoren mit 3 Zuständen (siehe [47] und [73]). Wesentlich hierbei sind die Eigenwerte der Matrix $P(x)$. Man versuche sich an diesen Problemen.

3.1.4. Normierungssätze

Wir wollen in den folgenden Hilfssätzen zeigen, daß es bei einer stochastischen Sprache L nicht darauf ankommt, welche Anfangsverteilung ein L akzeptierender SAkz besitzt und welchen speziellen Wert man für λ einsetzt.

<u>Hilfssatz 29</u> ([74]): Es sei $B = (X,Z,\{P(x) \mid x \in X\},\pi,f)$ ein SAkz und λ ein Schnittpunkt. Dann gibt es zu jedem λ' mit

$0 < \lambda' < 1$ einen SAkz B' mit $L(B,\lambda) = L(B',\lambda')$.

Beweis: Falls $\lambda = 0$ ist, dann ist $L(B,0)$ regulär (Hilfssatz 25) und dann gibt es einen determinierten Akzeptor, der diese Sprache akzeptiert für jedes λ' mit
$0 < \lambda' < 1$.

Falls $\lambda = 1$ ist, dann ist $L(B,1) = \emptyset$ und man kann sofort
ein B' mit der gewünschten Eigenschaft angeben.

Sei $\lambda \neq 0$ und $\lambda \neq 1$. Man erweitere B um einen Zustand
und definiere die Anfangsverteilung geeignet neu. Sei
also $Z = \{z_1,\ldots,z_n\}$ und $Z' = Z \cup \{z_{n+1}\}$. Weiterhin sei

$$P'(x) = \begin{pmatrix} & & & 0 \\ & P(x) & & \vdots \\ & & & \vdots \\ & & & 0 \\ 0\ldots\ldots0 & & 1 \end{pmatrix} \quad \text{für alle } x \in X.$$

Sei weiterhin λ' beliebig zwischen 0 und 1 gewählt. Wir
werden zu λ' und λ im folgenden eine Zahl β mit
$0 \leq \beta < 1$ bestimmen. Man setze
$\pi' = \big((1 - \beta)\cdot\pi_1,\ldots,(1 - \beta)\cdot\pi_n,\beta\big)$.

Fall 1: Es ist $0 < \lambda' \leq \lambda$. Dann setze man $\beta = 1 - \dfrac{\lambda'}{\lambda}$

und $f' = \binom{f}{0}$. Damit ist nun B' $= (X,Z',\{P'(x)\,|\,x \in X\},$

$\pi',f')$ vollständig definiert, und es gilt für alle
$u \in X^{*}$:
$\pi'P'(u)f' = (1 - \beta)\pi P(u)f = \dfrac{\lambda'}{\lambda}\cdot\pi P(u)f$

Also ist $\pi P(u)f > \lambda$ genau dann, wenn $\pi'P'(u)f' > \lambda'$
ist, d.h. $L(B,\lambda) = L(B',\lambda')$.

Fall 2: Es ist $\lambda < \lambda' < 1$. Dann setze man $\beta = \dfrac{\lambda' - \lambda}{1 - \lambda}$

und $f' = \binom{f}{1}$, womit B' definiert ist. Man zeigt
wieder: $L(B,\lambda) = L(B',\lambda')$.

Damit ist Hilfssatz 29 bewiesen.

Eine Anfangsverteilung kann man stets durch einen Anfangszustand ersetzen, wie folgender Hilfssatz zeigt:

<u>Hilfssatz 30</u>: Es sei B ein SAkz und λ ein Schnittpunkt.
Dann gibt es einen SAkz B', der als Anfangsverteilung

einen Anfangszustand besitzt, mit $L(B,\lambda) = L(B',\lambda)$.

Beweis: Es sei $B = (X,Z,\{P(x)\,|\,x \in X\},\pi,f)$ und
$Z = \{z_1,\ldots,z_n\}$. Dann setze man $Z' := \{z_o\} \cup Z$ und

$$
f' = \begin{cases} \binom{0}{f} & , \quad \text{falls} \quad \pi f \leq \lambda \text{ ist,} \\[2ex] \binom{1}{f} & , \quad \text{falls} \quad \pi f > \lambda \text{ ist.} \end{cases}
$$

Weiterhin setze man für alle $x \in X$:

$$
P'(x) = \begin{pmatrix} 0 & \pi \cdot P(x) \\ 0 & \\ \vdots & \\ \vdots & P(x) \\ 0 & \end{pmatrix}. \text{ Damit ist der SAkz}
$$

$B' = (X,Z',\{P'(x)\,|\,x \in X\},z_o,f')$ eindeutig bestimmt.
Offenbar gilt:

$\pi f > \lambda \iff z_o f' = 1 > \lambda$, d.h.

$e \in L(B,\lambda) \iff e \in L(B',\lambda)$.

Für $x \in X$ gilt nach Konstruktion von $P'(x)$:

$\pi P(x) f = z_o P'(x) f'$, d.h.

$x \in L(B,\lambda) \iff x \in L(B',\lambda)$. Schließlich beachte man,
daß für alle $u \in X^*$ $(u \neq e)$ gilt:

$$
P'(u) = \begin{pmatrix} 0 & \pi \cdot P(u) \\ 0 & \\ \vdots & \\ \vdots & P(u) \\ 0 & \end{pmatrix}, \text{ woraus sofort}
$$

$\pi P(u) f = z_o P'(u) f'$ folgt, d.h. aber $L(B,\lambda) = L(B',\lambda)$.

Man wird nun danach fragen, ob man im allgemeinen mit
einem Endzustand auskommt. Schwierigkeiten macht auf jeden
Fall das leere Wort e, wie man den folgenden Aufgaben ent-
nehmen kann. Bei verallgemeinerten Akzeptoren (siehe 3.3.)
genügt ein Endzustand, sofern man e nicht berücksichtigt
(Satz 22). Das analoge Problem für SAkz scheint noch ungelöst zu sein.

<u>Aufgaben</u>:
i) Man zeige: Die Sprache $\{x\}^* \cup \{x'\}^*$ wird von keinem SAkz
   mit nur einem Endzustand akzeptiert.

ii) Man zeige: Ist L eine reguläre Sprache, die das leere
Wort nicht enthält, dann gibt es einen SAkz B, der nur
einen Endzustand besitzt und für den L = L(B,0) gilt.

3.2. Isolierte Schnittpunkte

3.2.1. Definition

Wenn man prüfen will, ob ein Wort u von einem SAkz B akzeptiert wird (bzgl. eines Schnittpunktes λ), dann wird
man u mehrmals in B eingeben und das Verhältnis m/N
berechnen, wobei N die Anzahl der Versuche und m die Anzahl der Versuche ist, bei denen u von B akzeptiert wurde.
Nach den Grenzwertsätzen der Wahrscheinlichkeitstheorie gilt:
$\lim_{N\to\infty}\left(\frac{m}{N}\right)$ = $\pi\cdot P(u)\cdot f$. Nach endlich vielen Versuchen muß man
jedoch in der Praxis abbrechen, und man kann die Wahr-
scheinlichkeit dafür berechnen, daß m/N > λ ist. Wenn
man nun mit $\pi\cdot P(u)\cdot f$ sehr nahe an λ herankommen kann, dann
wird man sehr viele Versuche benötigen, um mit einer re-
lativ großen Wahrscheinlichkeit die richtige Entscheidung
zu treffen, ob u ε L(B,λ) gilt oder nicht. Weiß man hinge-
gen, daß λ kein Häufungspunkt der Menge $\{\pi\cdot P(u)\cdot f\,|\,u\;\varepsilon\;X^*\}$
ist (siehe 3.1.3.), dann wird man zu einem vorgegebenen α
(0 < α < 1) eine Zahl N_α angeben können, so daß man nach
N_α Versuchen für jedes Wort u ε X^* mit einer Wahrscheinlichkeit, die größer als (1 - α) ist, die richtige Entscheidung trifft, ob u ε L(B,λ) ist oder nicht (und zwar
wird man genau dann annehmen, daß u ε L(B,λ) ist, falls
m/N_α > λ ist). Diese für die Anwendung wichtigen Schnittpunkte werden wir isoliert nennen ([51]).

Definition 29: Es sei B = (X,Z,{P(x)|x ε X},π,f) ein SAkz.
λ mit 0 $\leqq$ λ $\leqq$ 1 heißt isolierter Schnittpunkt von B,
wenn es ein Δ > 0 gibt, so daß für alle u ε X^* gilt:
$|\lambda - \pi\cdot P(u)\cdot f| \geqq \Delta$.

3.2.2. Der Satz von Rabin

Der interessante Fall isolierter Schnittpunkte erweist sich zugleich als sehr einfach in Bezug auf die akzeptierten Sprachen. Er kann dagegen für die Verkleinerung der Zustandszahl determinierter Akzeptoren wichtig sein.

<u>Satz 18</u>: Es sei λ ein isolierter Schnittpunkt (mit der Schranke Δ) des SAkz B. Dann ist $L(B,\lambda)$ eine reguläre Sprache. Besitzt B n Zustände, dann existiert ein determinierter Akzeptor, der genau $L(B,\lambda)$ akzeptiert und der höchstens $1 + \left(1+\frac{1}{2\Delta}\right)^{n-1}$ Zustände besitzt.

Beweis: Nach Hilfssatz 30 gibt es einen SAkz
$B' = (X, \{z_o,\ldots,z_n\},\{P'(x)|x \in X\},z_o,f')$ mit $n+1$ Zuständen, so daß $L(B,\lambda) = L(B',\lambda)$ gilt. Es sei $\equiv$ die Nerode-Äquivalenzrelation auf X^* bezüglich $L(B,\lambda)$ (siehe Anhang 1). Es seien $u,v \in X^*$ zwei Wörter mit $u \not\equiv v$, dann existiert ein $w \in X^*$, so daß o.B.d.A. $uw \in L(B,\lambda)$ und $vw \notin L(B,\lambda)$ ist, d.h. $z_o \cdot P'(uw) \cdot f' > \lambda$ und $z_o \cdot P'(vw) \cdot f' \leq \lambda$. Da λ isoliert ist, so ist $z_o \cdot P'(uw) \cdot f' \geq \lambda + \Delta$ und $z_o \cdot P'(vw) \cdot f' \leq \lambda - \Delta$, woraus $z_o \cdot \left(P'(u) - P'(v)\right) \cdot P'(w) \cdot f' \geq 2 \cdot \Delta$ folgt. Der Spaltenvektor $P'(w) \cdot f'$ besitzt nichtnegative Komponenten, die höchstens gleich 1 sind. Die Ungleichheit bleibt daher richtig, wenn man über alle positiven $(p'_{oj}(u) - p'_{oj}(v))$ summiert, d.h. $\sum^+_j p'_{oj}(u) - p'_{oj}(v) \geq 2\Delta$, wobei $\sum^+$ gerade die Summation nur über positive Glieder bezeichnet. Da $P'(u)$ und $P'(v)$ stochastische Matrizen sind, so folgt:
$\sum\limits_{j=0}^{n} p'_{oj}(u) = \sum\limits_{j=0}^{n} p'_{oj}(v) = 1$. Also ist $\sum\limits_{j=0}^{n} p'_{oj}(u) - p'_{oj}(v) = 0$

und daher $\sum^+_j p'_{oj}(u) - p'_{oj}(v) = - \sum^-_j p'_{oj}(u) - p'_{oj}(v)$, wobei $\sum^-$ die Summe über die nicht positiven Glieder bezeichnet. Es gilt nun:

$$\sum_{j=0}^{n} |p'_{oj}(u) - p'_{oj}(v)| = 2 \cdot \sum_{j}^{+} p'_{oj}(u) - p'_{oj}(v)$$

Wir nehmen weiterhin an, daß $u \neq e$ und $v \neq e$ sind; dann ist $p'_{oo}(u) = p'_{oo}(v)$, und wir erhalten:

$$2\Delta \leq \frac{1}{2} \cdot \sum_{j=1}^{n} |p'_{oj}(u) - p'_{oj}(v)|.$$

Wenn daher $u \neq v$ gilt, dann besitzen die beiden Zeilen-vektoren $\xi_u := (p'_{o1}(u),\ldots,p'_{on}(u))$ und $\xi_v := (p'_{o1}(v),\ldots,p'_{on}(v))$ bzgl. $|\ |$ einen Abstand, der größer oder gleich 4Δ ist. Alle n-dimensionalen Vektoren, deren Zeilensumme 1 beträgt, bilden jedoch eine "endliche", abgeschlossene und daher kompakte Teil-menge des $\mathbb{R}^n$, die von endlich vielen n-dimensionalen Würfeln der Kantenlänge 2Δ überdeckt wird. Da in jedem dieser endlich vielen Würfel wegen obiger Ungleichung höchstens Vektoren ξ_u liegen können, die derselben Klasse bzgl. $\equiv$ angehören, so kann es auch nur endlich viele verschiedene Klassen geben, d.h. der Index von $\equiv$ ist endlich und damit ist $L(B,\lambda)$ regulär.

Wir berechnen nun eine obere Schranke für die Anzahl der Klassen. Es möge m nichtleere Wörter $u_1,\ldots,u_m \in X^*$ mit $u_i \neq u_j$ für $i \neq j$ geben. Es sei wie früher: $\xi_{u_i} = (p'_{o1}(u_i),\ldots,p'_{on}(u_i))$. Dann betrachte man für $i=1,\ldots,m$ folgende Simplices des $\mathbb{R}^n$:

$$R_i := \{\xi | \xi = (\xi_1,\ldots,\xi_n), \quad \xi_j \geq p'_{oj}(u_i) \text{ und}$$
$$\sum_{j=1}^{n} \xi_j - p'_{oj}(u_i) = 2\cdot\Delta\},$$

$$R' := \{\xi | \xi = (\xi_1,\ldots,\xi_n), \xi_j \geq 0, \sum_{j=1}^{n} \xi_j = 2\cdot\Delta\},$$

$$R := \{\xi | \xi = (\xi_1,\ldots,\xi_n), \xi_j \geq 0, \sum_{j=1}^{n} \xi_j = 1 + 2\cdot\Delta\}.$$

Die Mengen R_i gehen aus R' durch Translation um ξ_{u_i} hervor. Auf Grund der Ungleichung haben ξ_{u_i} und ξ_{u_k} einen Abstand von mindestens 4Δ; daraus folgt: R_i und

R_k haben keine inneren Punkte gemeinsam. Also gilt bezüglich des $(n-1)$-dimensionalen Volumens V_{n-1}:

$$V_{n-1}\left(\bigcup_{i=1}^{m} R_i\right) = m \cdot V_{n-1}(R') = m \cdot c \cdot (2\Delta)^{n-1}, \text{ wobei } c \text{ eine}$$

geeignete Konstante ist, die von der zugrunde gelegten Metrik abhängig ist. Da $\sum_{j=1}^{n} P'_{0j}(u_i) = 1$ ist, so folgt: jedes R_i ist Teilmenge von R, und daher gilt:

$$V_{n-1}\left(\bigcup_{i=1}^{m} R_i\right) = m \cdot c \cdot (2\Delta)^{n-1} \leqq V_{n-1}(R) = c \cdot (1 + 2\Delta)^{n-1},$$

woraus sofort $m \leqq (1+\frac{1}{2\Delta})^{n-1}$ folgt.

Da die Anzahl m der Klassen nach dem Satz von Nerode zugleich die Anzahl der Zustände eines determinierten Akzeptors ist, der $L(B,\lambda)$ bis auf e akzeptiert, so gilt diese Ungleichung auch für die Anzahl der Zustände eines geeigneten determinierten Akzeptors.

Bisher hatten wir $u_i \neq e$ vorausgesetzt. Betrachtet man nun zusätzlich das leere Wort, so erhält man höchstens eine weitere Klasse, woraus

$$m \leqq 1 + (1+\frac{1}{2\Delta})^{n-1} \text{ folgt. Damit ist Satz 18 bewiesen.}$$

Die in Satz 18 angegebene Schranke ist vermutlich nicht optimal. Für größere n gibt es in der Literatur kein Beispiel, bei dem die obere Schranke auch nur annähernd erreicht würde.

Die Umkehrung von Satz 18 gilt natürlich nicht, wie das Beispiel der m-adischen Akzeptoren zeigt (Hilfssatz 28).

Aufgaben:

i) Es sei $B = (\{0,2\},\{z_1,z_2\},\{P(0),P(2)\}, (1,0),\binom{0}{1})$ der

durch $P(0)=\begin{pmatrix} 1 & 0 \\ 2/3 & 1/3 \end{pmatrix}$ und $P(2)=\begin{pmatrix} 1/3 & 2/3 \\ 0 & 1 \end{pmatrix}$

definierte SAkz (B ist ein "Teilakzeptor" des 3-adischen Akzeptors).

Man zeige ([51]): Die Menge der isolierten Schnittpunkte

von B liegt dicht im Intervall $[0,1]$. Man gebe zu einigen isolierten Schnittpunkten (z.B. für $\lambda = 1/2$, $\lambda = 4/9$)
die akzeptierte Sprache an.

ii) Ein Schnittpunkt λ heißt schwach isoliert, wenn es
ein $\Delta > 0$ gibt, so daß für alle $u \in X^*$ gilt:
$|\pi \cdot P(u) \cdot f - \lambda| \geq \Delta$ oder $\pi \cdot P(u) \cdot f = \lambda$. Man zeige ([63]):
ist λ schwach isolierter Schnittpunkt des SAkz B, dann
ist $L(B,\lambda)$ regulär.

iii) Man konstruiere über dem Alphabet $\{x_1, x_2\}$ einen SAkz
B, für den es eine Folge $\lambda_0, \lambda_1, \ldots$ von isolierten
Schnittpunkten gibt, so daß für alle $i \geq 0$ gilt:
$L(B,\lambda_i) = \{w \in \{x_1, x_2\}^* | w$ enthält höchstens i mal das
Zeichen $x_1\}$.

3.2.3. Stabilitätsproblem und aktuelle Akzeptoren

Ein physikalisches Gerät verhält sich niemals völlig determiniert, sondern zeigt ein stochastisches Verhalten.
Die hierbei auftretenden Wahrscheinlichkeiten können sich
mit der Zeit leicht verändern. In unserer Theorie bedeutet
dies: ein stochastischer Akzeptor B verwandelt sich in
einen SAkz B', indem die Übergangswahrscheinlichkeiten
der Matrizen $P(x)$ zu denen der Matrizen $P'(x)$ abgeändert
werden. Es wäre wünschenswert, daß hierbei die Leistungsfähigkeit (d.h. hier: die akzeptierte Sprache bzgl. eines
Schnittpunktes) unverändert bleibt. Dies kann von großem
Interesse für die Praxis sein, wenn man an Geräte denkt,
die an schlecht zugänglichen Stellen (z.B. auf dem Mond)
aufgestellt wurden und daher nicht sofort beim Auftreten
von Störungen repariert werden können. Beim Stabilitätsproblem fragt man nun nach stochastischen Akzeptoren, deren Leistungsfähigkeit sich nicht ändert, wenn an den
Übergangswahrscheinlichkeiten um ein ε "gewackelt" wird.

Überlegungen zu den recht komplizierten Stabilitätsproble-
men wurden in [51], [47], [21] und [46] angestellt. Wir
wollen hier die Vorgehensweise von Rabin skizzieren und

überlassen die Details dem Leser.

Ein physikalisches Gerät (z.B. eine Rechenanlage) kann von einem Zustand in jeden beliebigen Zustand direkt übergehen, nur ist die Wahrscheinlichkeit hierfür im allgemeinen sehr klein. Wir definieren daher ([51]):

Definition 30: Ein SAkz B heißt aktuell, wenn alle Elemente der Matrix $P(x)$ positiv sind.

Ein aktueller Akzeptor besitzt die Gabe des Vergessens, wie folgender Hilfssatz zeigt.

Hilfssatz 31: Es sei $\{P_1,\ldots,P_r\}$ eine endliche Menge stochastischer (n,n)-Matrizen, deren sämtliche Elemente positiv sind. Das kleinste in den Matrizen auftretende Element sei ε. Dann gilt für die Produktmatrix $P_{i_1}\cdot\ldots\cdot P_{i_m} =: P$ mit $m \geq 1$ und $i_1,\ldots,i_m \in \{1,\ldots,r\}$: die maximale Differenz, die zwischen zwei Elementen der gleichen Spalte von P auftreten kann, ist höchstens $(1 - 2\varepsilon)^m$, genauer:

$$\text{Max}_j(\text{Max}_i\, p_{ij} - \text{Min}_i\, p_{ij}) \leq (1 - 2\varepsilon)^m, \quad \text{wobei } P = (p_{ij})$$

(für $i,j=1,\ldots,n$) ist.

Bezeichnet man für eine Matrix P die in Hilfssatz 31 angegebene maximale Differenz in einer Spalte mit $\|P\|$, dann gilt für positive stochastische Matrizen, daß $\|P_{i_1} \ldots P_{i_m}\|$ gegen 0 strebt für m gegen ∞. Setzt man weiterhin für eine beliebige Matrix P: $|P| := \text{Max}_{i,j}|p_{ij}|$, so erhält man eine Norm auf der Menge der Matrizen gleicher Ordnung. Es gilt nun:

Hilfssatz 32: Es sei P eine stochastische (n,n)-Matrix und Q eine beliebige (n,n)-Matrix, dann gilt: $|P\cdot Q - Q| \leq \|Q\|$.

Ist nun Q bereits ein Matrizenprodukt von m positiven stochastischen Matrizen (wie in Hilfssatz 31 angegeben), dann verändert die Multiplikation von links mit einer stochastischen Matrix die Matrix Q kaum, sofern m hinreichend groß ist. Faßt man $P,P_1,\ldots P_r$ als Matrizen eines aktuellen Akzeptors auf, so bedeutet dies: der Einfluß, den das erste Eingabezeichen eines Wortes auf die Zustandsverteilung besitzt, wird immer kleiner, je länger das eingegebene Wort ist, d.h. der Akzeptor "vergißt" die ersten Eingabesymbole (dies gilt nicht für beliebige SAkz, wie man sich an Beispielen rasch klar macht). Dieses Vergessen wird zu einem "totalen Vergessen", wenn der Akzeptor einen isolierten Schnittpunkt besitzt, d.h. bei einem aktuellen Akzeptor mit isoliertem Schnittpunkt hängt die Entscheidung, ob ein Wort u zur akzeptierten Sprache gehört oder nicht, nur von den letzten Zeichen in u ab. Um dies zu präzisieren, definieren wir:

<u>Definition 31</u>: Es sei X ein endliches Alphabet. Eine Sprache $L \subseteq X^*$ heißt definit, wenn es eine natürliche Zahl k und zwei Mengen L_1, $L_2 \subseteq X^*$ gibt mit folgenden Eigenschaften:
i) für jedes $u \in L_1$ ist die Länge von u höchstens k-1,
ii) jedes $u \in L_2$ besitzt genau die Länge k,
iii) $L = L_1 \cup X^* \cdot L_2$.

Definite Sprachen sind spezielle reguläre Sprachen, bei denen die letzten k Zeichen über die Zugehörigkeit zur Sprache entscheiden. Es gilt:

<u>Satz 19</u>: Es sei B ein aktueller Akzeptor und λ ein isolierter Schnittpunkt von B. Dann ist $L(B,\lambda)$ eine definite Sprache.

Der Beweis folgt unmittelbar aus Hilfssatz 31 und 32. Für aktuelle Akzeptoren kann man nun den Stabilitätssatz beweisen:

<u>Satz 20</u>: Sei $B = (X,Z,\{P(x)|x \in X\},\pi,f)$ ein aktueller Akzeptor und λ ein isolierter Schnittpunkt von B. Dann gibt es ein $\varepsilon > 0$, so daß für jeden SAkz

$B' = (X,Z,\{P'(x)|x \in X\},\pi,f)$, für dessen Matrizen $P'(x)$
$|p'_{ij}(x) - p_{ij}(x)| < \varepsilon$ ist, gilt: $L(B,\lambda) = L(B',\lambda)$.

<u>Bemerkung</u>: ε wird so klein gewählt, daß B' stets wieder
ein aktueller Akzeptor und λ auch bzgl. B' isoliert ist.

Das Ergebnis scheint kaum aussagekräftig zu sein; denn
Satz 20 besagt, daß man nur definite Sprachen gegen kleine
Störungen schützen kann. Wesentliche Verschärfungen von
Satz 20 sind bisher jedoch nicht bekannt (siehe unten
Aufgabe iv), vielmehr gibt es Gegenbeispiele, falls man
B als nicht-aktuell voraussetzt (siehe das Beispiel von
Kesten, das in [3] als Fig.9.4 abgedruckt ist und zugleich
ein Beispiel für die unten angegebene Aufgabe iii darstellt).

<u>Aufgaben</u>:
i) Man beweise die Hilfssätze und Sätze dieses Abschnitts.
ii) Man zeige die Umkehrung von Satz 19, d.h. zu jeder de-
     finiten Sprache L gibt es einen aktuellen Akzeptor B
     und einen isolierten Schnittpunkt λ mit $L(B,\lambda)$ = L.
iii) Bei dem Beweis von Satz 20 geht wesentlich ein, daß
     man von jedem Zustand des Akzeptors in jeden anderen
     gelangen kann. Man könnte daher vermuten, Satz 20 gelte
     auch für alle Akzeptoren, für die es zu je zwei Zu-
     ständen z,z' ein Wort u mit $p(z'|u,z) > 0$ gibt (ins-
     besondere ist kein Zustand unwesentlich, siehe Aufgabe
     i) in 3.1.2.). Man zeige, daß dies nicht der Fall ist.
iv) Paz ([47]) gab eine Verallgemeinerung von Satz 20 auf
     quasidefinite SAkz an. Ein SAkz $B = (X,Z,\{P(x)|x \in X\},$
     $\pi,f)$ heißt quasidefinit, wenn es zu jedem $\varepsilon > 0$ eine
     natürliche Zahl k_ε gibt, so daß für alle Wörter u, deren
     Länge größer als k_ε ist, gilt: $\|P(u)\| < \varepsilon$. Man kann effek-
     tiv nachprüfen, ob ein SAkz quasidefinit ist.
     Man zeige: a) Jeder aktuelle SAkz ist quasidefinit.
     b) Ist λ ein isolierter Schnittpunkt des quasidefiniten
     SAkz B, dann ist $L(B,\lambda)$ eine definite Sprache. c) Satz
     20 gilt auch für quasidefinite SAkz. d) Es gibt quasi-
     definite SAkz, die nicht aktuell sind.

3.3. Verallgemeinerte Akzeptoren

3.3.1. Definition

In Kapitel 2 haben wir gesehen, daß man die bei der Reduktion stochastischer Automaten auftretenden Probleme als spezielle Probleme der linearen Algebra ansehen kann. In diesem Abschnitt soll das gleiche für die stochastischen Sprachen gezeigt werden (Satz 22).

Man kann die Definition des SAkz dahingehend verallgemeinern, daß man die "Stochastik" fallen läßt, d.h. man betrachte allgemeine Matrizen, sowie allgemeine Zeilen- und Spaltenvektoren und beliebige reelle Zahlen als Schnittpunkte ($[75]$).

Definition 32: $C = (X,Z,\{M(x)|x \in X\},\pi,f)$ heißt
verallgemeinerter Akzeptor (VAkz) genau dann, wenn folgendes gilt:

i) X und Z sind endliche, nichtleere Mengen (Eingabealphabet und Zustandsmenge von C),

ii) für jedes $x \in X$ ist $M(x)$ eine (n,n)-Matrix mit reellen Elementen, wobei n die Anzahl der Zustände ist,

iii) π ist ein n-dimensionaler Zeilenvektor mit reellen Komponenten,

iv) f ist ein n-dimensionaler Spaltenvektor mit reellen Komponenten ("Endvektor").

Wie üblich wird dem Wort $u \in X^*$, $u=x_1\ldots x_m$, die Matrix $M(u) = M(x_1)\cdot\ldots\cdot M(x_m)$ zugeordnet. $M(e)$ sei die Einheitsmatrix der Ordnung n.

Definition 33: C sei wie in Definition 32 angegeben, und λ sei eine beliebige reelle Zahl. Dann heißt die Menge
$$L(C,\lambda) = \{u \in X^* \mid \pi\cdot M(u)\cdot f > \lambda\}$$
die von C beim Schnittpunkt λ akzeptierte Sprache.
Eine Sprache L heißt verallgemeinerte Sprache, wenn es ein λ und einen VAkz C mit $L = L(C,\lambda)$ gibt.

Aufgabe: Man beweise den zu Hilfssatz 29 analogen Satz.

3.3.2. Der Satz von Turakainen

Jede stochastische Sprache ist offenbar eine verallgemeinerte Sprache. Turakainen konnte zeigen ([75]):

$\underline{\text{Satz 21}}$: Jede verallgemeinerte Sprache ist eine stochastische Sprache.

Beweis: Wir führen den Beweis über sechs aufeinander aufbauende Teilaussagen. Es sei $C = (X,Z,\{M(x)\,|\,x \in X\},\pi,f)$ ein VAkz, $\lambda \in \mathbb{R}$ ein Schnittpunkt und $L = L(C,\lambda)$ die akzeptierte verallgemeinerte Sprache. Es sei $Z = \{z_1,\ldots,z_n\}$. Wir werden den Beweis zunächst für $L' = L \smallsetminus \{e\}$ führen; das leere Wort läßt sich am Ende leicht hinzufügen.

I. Es gibt einen VAkz $C_1 = (X,Z_1,\{M_1(x)\,|\,x \in X\},\pi_1,f_1)$, für dessen Matrizen $M_1(x)$ alle Spalten- und Zeilensummen Null sind und für den $L = L(C_1,\lambda)$ gilt.

Man setze: $Z_1 = Z \cup \{z_o,z_{n+1}\}$, $\quad \pi_1 = (0,\pi,0)$, $\quad f_1 = \begin{pmatrix} 0 \\ f \\ 0 \end{pmatrix}$

$$\text{und } M_1(x) = \left(\begin{array}{c|cccc|c} 0 & 0 & . & . & . & 0 & 0 \\ \hline -\sigma_1(x) & & & & & & 0 \\ . & & & & & & . \\ . & & & M(x) & & & . \\ . & & & & & & . \\ -\sigma_n(x) & & & & & & 0 \\ \hline \sigma''(x) & -\sigma'_1(x) & & \ldots & & -\sigma'_n(x) & 0 \end{array}\right)$$

für alle $x \in X$, wobei $\sigma_i(x)$ die i-te Zeilensumme, $\sigma'_j(x)$ die j-te Spaltensumme und $\sigma''(x)$ die Summe über alle Elemente von $M(x)$ ist. Offenbar gilt für alle $u \in X^*$: $\pi_1 M_1(u)f_1 = \pi M(u)f$, womit Aussage I bewiesen ist.

II. Es gibt einen VAkz $C_2 = (X,Z_2,\{M_2(x)\,|\,x \in X\},\pi_2,f_2)$, dessen Matrizen $M_2(x)$ nichtnegativ sind (siehe 1.3.2.) und für den $L' = L(C_2,\lambda) \smallsetminus \{e\}$ gilt.

Es sei $Z_2 = Z_1 \cup \{z_{n+2}\}$, und wir setzen als Abkürzung

$q := n+2$. Weiterhin bezeichnen wir mit K das Produkt der Summe der Komponenten von π_1 mit der Summe der Komponenten von f_1, d.h.

$$K = \left(\sum_{i=0}^{q-1} \pi_{1i} \right) \cdot \left(\sum_{j=0}^{q-1} f_{1j} \right) \text{ . Dann setze man } f_2 = \begin{pmatrix} f_1 \\ -1 \end{pmatrix}$$

und $\pi_2 = (\pi_1, K/q)$.

Für eine reelle Zahl r sei $N(r)$ die (q,q)-Matrix, deren sämtliche Elemente gleich r sind, d.h.

$$N(r) = \begin{pmatrix} r & \cdots & r \\ \vdots & & \vdots \\ r & \cdots & r \end{pmatrix} .$$

Weiterhin sei $s \geq 0$ so gewählt, daß für alle $x \in X$ die Matrix $M_1(x) + N(s)$ nichtnegativ ist. Da die Zeilen- und Spaltensummen von $M_1(x)$ (und damit von $M_1(u)$ für alle $u \neq e$, $u \in X^*$) null sind, so sind $M_1(x) \cdot N(s)$ und $N(s) \cdot M_1(x)$ für alle $x \in X$ gleich der Nullmatrix, und daher gilt für alle $x_1, x_2 \in X$:

$$\bigl(M_1(x_1) + N(s)\bigr) \cdot \bigl(M_1(x_2) + N(s)\bigr) = M_1(x_1 x_2) + N(qs^2).$$

Durch Induktion verifiziert man nun leicht, daß für die Matrizen

$$M_2(x) = \begin{pmatrix} M_1(x) + N(s) & 0 \\ 0 & qs \end{pmatrix} \quad \text{gilt:}$$

$$M_2(u) = \begin{pmatrix} M_1(u) + N(q^{t-1}s^t) & 0 \\ 0 & q^t s^t \end{pmatrix} \quad \text{für alle } u \in X^*,$$

deren Länge $t \geq 1$ ist. Daher folgt für $u \neq e$:

$$\pi_2 \cdot M_2(u) \cdot f_2 = \pi_1 \cdot M_1(u) \cdot f_1 + \pi_1 \cdot N(q^{t-1}s^t) \cdot f_1 - Kq^{t-1}s^t$$

$$= \pi_1 \cdot M_1(u) \cdot f_1 \text{ , weil}$$

$$\pi_1 \cdot N(r) \cdot f_1 = \sum_{i=1}^{q} \sum_{j=1}^{q} \pi_{1i} r f_{1j} = rK \quad \text{für reelle Zahlen } r$$

ist. Hieraus folgt unmittelbar Aussage II.

III. Es gibt einen VAkz $C_3 = (X, Z_3, \{M_3(x) \mid x \in X\}, \pi_3, f_3)$, dessen Matrizen $M_3(x)$ stochastisch sind und für den $L' = L(C_3, 0) \smallsetminus \{e\}$ gilt.

Man setze $Z_3 = Z_2 \cup \{z_{n+3}, z_{n+4}\}$, $\pi_3 = (\pi_2, \lambda, 0)$ und

$f_3 = \begin{pmatrix} f_2 \\ -1 \\ 0 \end{pmatrix}$. Weiterhin sei $\gamma > 0$ eine reelle Zahl, die

größer als jede Zeilensumme von $M_2(x)$ für jedes $x \in X$
ist. Dann kann man reelle Zahlen $\gamma_0(x),\ldots,\gamma_{n+2}(x)$ so
finden, daß für alle $x \in X$ die Matrizen

$$M_3(x) = \left(\begin{array}{c|cc} \frac{1}{\gamma} M_2(x) & \begin{matrix} 0 \\ \vdots \\ 0 \end{matrix} & \begin{matrix} \gamma_0(x) \\ \vdots \\ \gamma_{n+2}(x) \end{matrix} \\ \hline 0 & \begin{matrix} 1/\gamma \\ 0 \end{matrix} & \begin{matrix} 1 - 1/\gamma \\ 1 \end{matrix} \end{array} \right)$$

stochastisch sind. Es sei $u \in X^*$ ein Wort der Länge
$t \geq 1$, dann gilt:

$$M_3(u) = \left(\begin{array}{c|cc} \left(\frac{1}{\gamma}\right)^t M_2(u) & \begin{matrix} 0 \\ \vdots \\ 0 \end{matrix} & \begin{matrix} * \\ \vdots \\ * \end{matrix} \\ \hline 0 & \begin{matrix} (1/\gamma)^t \\ 0 \end{matrix} & \begin{matrix} 1-(1/\gamma)^t \\ 1 \end{matrix} \end{array} \right)$$

wobei $*$ bedeuten soll, daß die dort stehenden Zahlen
im folgenden nicht interessieren. Es folgt nun:
$\pi_3 \cdot M_3(u) \cdot f_3 = \left(\frac{1}{\gamma}\right)^t \pi_2 \cdot M_2(u) \cdot f_2 - \left(\frac{1}{\gamma}\right)^t \cdot \lambda$. Also gilt:
$\pi_3 \cdot M_3(u) \cdot f_3 > 0 \iff \pi_2 \cdot M_2(u) \cdot f_2 > \lambda$, für alle $u \neq e$.
Wegen $\quad \pi_3 \cdot f_3 > 0 \iff \pi_2 \cdot f_2 > \lambda \quad$ gilt daher
$L(C_3, 0) = L(C_2, \lambda)$. Mit II folgt hieraus III.

IV. Es gibt einen VAkz $C_4 = (X, Z_4, \{M_4(x) | x \in X\}, \pi_4, f_4)$,
dessen Matrizen $M_4(x)$ stochastisch, dessen Zeilenvektor
π_4 eine Zustandsverteilung über Z_4 und dessen Spaltenvektor f_4 positiv (d.h. alle Komponenten von f_4 sind
positiv) sind und für den $L' = L(C_4, \lambda') - \{e\}$ mit
einem geeigneten $\lambda' > 0$ gilt.
Es sei $m := n+5$. Setze $Z_4 = Z_3 \cup \{z_m, \ldots, z_{2m-1}\}$ und

$$M_4(x) = \begin{pmatrix} M_3(x) & 0 \\ 0 & M_3(x) \end{pmatrix}$$ für alle $x \in X$. Für jedes

$u \in X^*$ besitzt $M_4(u)$ dann offenbar auch diese Gestalt.
Weiterhin sei $\mathbf{n}_m$ der m-dimensionale Spaltenvektor, der
nur aus Einsen besteht, und $\mathbf{n}_m'$ der entsprechende Zeilenvektor. Man wähle nun eine Zahl s so groß, daß
$\pi_3 + s\,\mathbf{n}_m'$ nur positive Komponenten besitzt. Man setze
$\pi_4 = \frac{1}{S}\,(\pi_3 + s\,\mathbf{n}_m',\ s\,\mathbf{n}_m')$, wobei S so gewählt ist, daß
die Zeilensumme von π_4 gleich Eins ist, d.h. π_4 ist eine
Zustandsverteilung über Z_4. Weiterhin sei $r > 0$ so groß
gewählt, daß der Spaltenvektor

$$f_4 = \begin{pmatrix} f_3 + r\,\mathbf{n}_m \\ -f_3 + r\,\mathbf{n}_m \end{pmatrix}$$ nur positive Komponenten besitzt.

Dann gilt für $u \in X^*$:

$$\pi_4 \cdot M_4(u) \cdot f_4 = \pi_4 \cdot M_4(u) \cdot \begin{pmatrix} f_3 \\ -f_3 \end{pmatrix} + \pi_4 \cdot M_4(u) \cdot \begin{pmatrix} r\,\mathbf{n}_m \\ r\,\mathbf{n}_m \end{pmatrix}$$

$$= \frac{1}{S}\,\pi_3 \cdot M_3(u) \cdot f_3 + r,$$

wie man leicht verifiziert (man beachte, daß $\pi_4 \cdot M_4(u)$
die Zeilensumme 1 besitzt). Also gilt: $L(C_3,0) = L(C_4,r)$,
womit IV für $\lambda' = r$ bewiesen ist.

V. Es gibt einen stochastischen Akzeptor
$C_5 = (X, Z_5, \{P(x) | x \in X\}, \pi_5, f_5)$ mit $L' = L(C_5, \lambda'') \smallsetminus \{e\}$
für ein geeignetes λ'' mit $0 \leq \lambda'' \leq 1$.

Den in IV angegebenen VAkz C_4, der $k=2n+10$ Zustände besitzt, werden wir ver-k-fachen und den Übergang in das
j-te Exemplar gemäß der j-ten Komponente von f_4 gewich-
ten; der j-te Zustand in dem j-ten Exemplar kann dann
als ein Endzustand aufgefaßt werden.
Wir setzen daher: $Z_5 = \{z_0, \ldots, z_{k-1}, z_k, \ldots, z_{k^2-1}\}$ und
zeichnen die Teilmenge $F = \{z_0, z_{k+1}, z_{2k+2}, \ldots, z_{ik+i}, \ldots$
$\ldots, z_{k^2-1}\}$ (für $i=0, \ldots, k-1$) als Menge der Endzustände
aus; hierdurch ist f_5 eindeutig bestimmt. Weiterhin sei

$\pi_5 = \frac{1}{k}(\pi_4, \pi_4, \ldots, \pi_4)$. Nach IV ist f_4 ein positiver

Spaltenvektor mit den Komponenten f_{4i} (i=1,...,k). Es

sei $q := \sum\limits_{i=1}^{k} f_{4i}$ und $q_i := f_{4i}/q$ für i=1,...,k. Für

jedes $x \in X$ sei

$$P(x) = \begin{pmatrix} q_1 M_4(x) & q_2 M_4(x) & \ldots & q_k M_4(x) \\ q_1 M_4(x) & q_2 M_4(x) & \ldots & q_k M_4(x) \\ \vdots & \vdots & & \vdots \\ q_1 M_4(x) & q_2 M_4(x) & \ldots & q_k M_4(x) \end{pmatrix} .$$

Man verifiziert nun leicht, daß wegen

$\sum\limits_{i=1}^{k} q_i = 1$ für jedes $u \in X^*$ ($u \neq e$) die Matrix $P(u)$ die

gleiche Gestalt wie $P(x)$ besitzt. Daher gilt für alle

$u \neq e$:

$\pi_5 \cdot P(u) = \frac{1}{k}(kq_1 \cdot \pi_4 \cdot M_4(u), \ldots, kq_k \cdot \pi_4 \cdot M_4(u))$, woraus

man sofort folgert:

$$\pi_5 \cdot P(u) \cdot f_5 = \pi_4 \cdot M_4(u) \cdot \begin{pmatrix} q_1 \\ q_2 \\ \vdots \\ q_k \end{pmatrix} = \frac{1}{q} \pi_4 \cdot M_4(u) \cdot f_4 .$$

Also gilt für $\frac{\lambda'}{q} = \lambda''$: $\qquad L' = L(C_5, \lambda'') \smallsetminus \{e\}$.

Nach Definition von q und λ' (siehe IV) ist $\lambda' \leq q$, so

daß $0 \leq \lambda'' \leq 1$ erfüllt ist. Damit ist V bewiesen.

VI. Es gibt einen SAkz $B = (X, Z_6, \{P'(x) \mid x \in X\}, \pi_6, f_6)$ mit
$L = L(B, \tilde{\lambda})$ mit geeignetem $\tilde{\lambda}$.

Man setze $Z_6 = Z_5 \cup \{z_{k^2}\}$, $\pi_6 = (0, \ldots, 0, 1)$ und

$$P'(x) = \begin{pmatrix} P(x) & \vdots & 0 \\ \hline \pi_5 \cdot P(x) & \vdots & 0 \end{pmatrix} \quad \text{für alle } x \in X. \text{ Weiter sei}$$

$f_6 = \begin{pmatrix} f_5 \\ 1 \end{pmatrix}$, falls $e \in L$, und $f_6 = \begin{pmatrix} f_5 \\ 0 \end{pmatrix}$, falls $e \notin L$

ist. Falls $\lambda'' \neq 1$ ist, dann setze man $\tilde{\lambda} = \lambda''$, und wie

im Beweis zu Hilfssatz 30 erkennt man: $L = L(B, \tilde{\lambda})$. Falls

$\lambda'' = 1$ und $e \notin L$ ist, dann setze $\tilde{\lambda} = 1$, da in diesem

Fall L = ∅ ist.

Falls aber λ'' = 1 und e ε L ist, dann ist L = {e},
und L wird von dem Zwei-Zustandsautomaten
$B' = (X,\{\zeta_1,\zeta_2\},\{P''(x)|x \in X\},(1,0), \binom{1}{0})$ mit

$$P''(x) = \begin{pmatrix} 0 & 1 \\ 0 & 1 \end{pmatrix}$$ für alle x ε X akzeptiert, wobei

man $\tilde{\lambda} < 1$ beliebig wählen kann.

Damit ist VI und zugleich Satz 21 bewiesen.

Aus dem Beweis entnimmt man das

<u>Korollar</u>: Ist L eine verallgemeinerte Sprache, die von
einem VAkz mit n Zuständen akzeptiert wird, dann existiert ein SAkz mit höchstens $(2n+10)^2 + 1$ Zuständen,
der L akzeptiert.

<u>Aufgaben</u>:

i) Man zeige mit Hilfe von Satz 21: Ist L eine stochastische Sprache, dann ist auch das Spiegelbild von L
stochastisch (vergleiche Aufgabe iii) in 3.1.3.).

ii) Man verbessere die im Korollar angegebene Schranke,
indem man im Beweis zu Satz 21 mehrere Schritte in
einem Konstruktionsschritt durchführt.

iii) Es sei $C = (\{x_1,x_2\},\{z_1,\ldots,z_6\},\{M(x_1),M(x_2)\},\pi,f)$
ein VAkz mit $\pi = (1,0,0,0,0,0)$,

$$f = \begin{pmatrix} 0 \\ 0 \\ 0 \\ -1 \\ 0 \\ 1 \end{pmatrix} \qquad M(x_1) = \begin{pmatrix} Q & 0 \\ 0 & 0 \end{pmatrix}$$

$$M(x_2) = \begin{pmatrix} 0 & R \cdot Q \\ 0 & Q \end{pmatrix}$$

wobei $Q = \begin{pmatrix} 1 & 1 & 1 \\ 0 & 1 & 2 \\ 0 & 0 & 1 \end{pmatrix}$ und $R = \begin{pmatrix} -1 & 0 & 0 \\ 0 & 1 & 0 \\ 0 & 0 & -1 \end{pmatrix}$ sind.

Man zeige: $L(C,0) = \{x_1^n x_2^n \mid n \geq 1\}$.

(Bemerkung: Diese Sprache ist kontextfrei,
siehe [30]).

iv) Man zeige: Ist C ein VAkz, dessen Vektoren und Matrizen
nur rationale Zahlen als Elemente besitzen und ist λ
rational, dann gibt es einen SAkz B, dessen Anfangsverteilung und dessen Matrizen nur rationale Elemente be-
sitzen, und eine rationale Zahl λ' mit $L(C,\lambda) = L(B,\lambda')$.

v) Ein Schnittpunkt λ heißt isoliert bzgl. des VAkz C, falls
es ein $\Delta > 0$ gibt, so daß für alle Wörter u gilt
$|\pi \cdot M(u) \cdot f - \lambda| \geq \Delta$. Man zeige: ist λ isoliert bzgl. C,
dann gibt es im allgemeinen keinen SAkz B mit isoliertem
Schnittpunkt λ' und $L(C,\lambda) = L(B,\lambda')$.

3.3.3. Eine Charakterisierung der stochastischen Sprachen

Mit Hilfe von Satz 21 kann man nun eine Charakterisierung
der stochastischen Sprachen angeben, die den Begriff des
Akzeptors nicht mehr verwendet.

Satz 22: Eine Menge $L \subseteq X^*$ ist dann und nur dann eine sto-
chastische Sprache, wenn es eine Menge $\{M(x)\,|\,x \in X\}$
von quadratischen Matrizen gleicher Ordnung n gibt, so
daß für alle $u \in X^*$, $u \neq e$, gilt:
$u \in L \iff \left(M(u)\right)_{1,n} > 0$, d.h. das rechte obere Element
der Matrix $M(x_{i_1}) \cdot \ldots \cdot M(x_{i_r})$ ist positiv,
wobei $u = x_{i_1} \ldots x_{i_r}$ sei.

Beweis: Wenn es eine solche Menge von Matrizen gibt, dann
wähle man $\pi = (1,0,\ldots,0)$, $f = (0,\ldots,0,1)^T$ (T bedeute
"transponiert") und $Z = \{z_1,\ldots,z_n\}$, wodurch ein VAkz C
definiert ist, für den $L(C,0) = L \smallsetminus \{e\}$ gilt. Nach Satz 21
sind $L \smallsetminus \{e\}$ und damit auch L (siehe VI in 3.2.2.) stochastische Sprachen.
Wenn L eine stochastische Sprache ist, dann gibt es
einen VAkz $C_3 = (X,Z_3,\{M_3(x)\,|\,x \in X\},\pi_3,f_3)$ mit
$L \smallsetminus \{e\} = L(C_3,0) \smallsetminus \{e\}$, wie in III (3.2.2.) gezeigt wur-
de. Man definiere nun $C' = (X,Z',\{M(x)\,|\,x \in X\},\pi',f')$
durch $Z' = Z_3 \cup \{z',z''\}$, $\pi' = (1,0,\ldots,0)$,
$f' = (0,\ldots,0,1)^T$ und

$$M(x) = \left(\begin{array}{c|c|c} 0 & \pi_3 M_3(x) & \pi_3 M_3(x)f_3 \\ \hline 0 & M_3(x) & M_3(x)f_3 \\ \hline 0 & 0 & 0 \end{array}\right).$$

Man verifiziert sofort, daß $M(u)$ die gleiche Gestalt wie $M(x)$ besitzt, so daß für alle $u \neq e$ gilt: $\pi' \cdot M(u) \cdot f' = \pi_3 \cdot M_3(u) \cdot f_3$, d.h. die Menge $\{M(x) \mid x \in X\}$ erfüllt die geforderte Bedingung. Damit ist Satz 22 bewiesen.

<u>Bemerkung</u>: Satz 22 besagt gerade, daß man die stochastischen Sprachen auch mit Hilfe der rationalen formalen Potenzreihen von Schützenberger ([57]) charakterisieren kann. Diese mathematisch sehr elegante Beschreibung wurde in [23] durchgeführt.

Satz 22 ermöglicht es, von einigen Sprachen in einfacher Weise zu zeigen, daß sie stochastisch sind.

<u>Beispiel 12</u>: Es sei ϕ eine reelle Zahl und

$$D_\phi = \begin{pmatrix} \cos(2\pi\phi) & \sin(2\pi\phi) \\ -\sin(2\pi\phi) & \cos(2\pi\phi) \end{pmatrix} \quad \text{die Drehungsmatrix,}$$

die einen Vektor des $\mathbb{R}^2$ um den Winkel $2\pi\phi$ im mathematisch positiven Sinne dreht (π ist hier selbstverständlich kein Vektor, sondern die reelle Zahl 3,14159...). Wendet man D_ϕ n-mal auf einen Vektor an, so erhält man eine Drehung um den Winkel $2\pi n\phi$, d.h. es gilt

$$D_\phi^n = \begin{pmatrix} \cos(2\pi n\phi) & \sin(2\pi n\phi) \\ -\sin(2\pi n\phi) & \cos(2\pi n\phi) \end{pmatrix}.$$

Nach Satz 22 ist die Menge $L_\phi \subseteq \{x\}^*$,
$L_\phi = \{x^n \mid \sin(2\pi n\phi) > 0\}$ eine stochastische Sprache. L_ϕ ist im allgemeinen nicht regulär.

<u>Aufgaben</u>:
i) Es sei $X = \{x_1, x_2\}$, und es sei

$$M(x_1) = \begin{pmatrix} 1 & 1 \\ 0 & 1 \end{pmatrix}, \quad M(x_2) = \begin{pmatrix} 1 & -1 \\ 0 & 1 \end{pmatrix} = M(x_1)^{-1}.$$

Welche stochastische Sprache wird von $\{M(x_1), M(x_2)\}$

charakterisiert?

ii) Es sei $X = \{x_1, x_2\}$. Man gebe eine Menge von Matrizen
an, die die Sprache $\{x_1^n x_2^m \mid n > m \geq 0\}$ charakterisiert.

3.4. Abschlußeigenschaften

3.4.1. Zusammenfassung

Um einen Überblick über die Menge aller stochastischen
Sprachen über einem Alphabet X zu erhalten, interessiert
man sich für spezielle Operationen zwischen stochastischen
Sprachen, wie z.B. Durchschnitt ($\cap$), Vereinigung ($\cup$),
Komplement (Com), Spiegelung (sp) und Produktbildung ($\cdot$).
Reguläre Sprachen sind gegenüber diesen Operationen abgeschlossen. Dies gilt im allgemeinen aber nicht für stochastische Sprachen. Der folgende Satz gibt einen Überblick über die Resultate:

<u>Satz 23</u>: Es seien $L, L_1, L_2 \subseteq X^*$ stochastische Sprachen,
$R \subseteq X^*$ sei eine reguläre Sprache. Dann gilt:
i) sp(L) ist eine stochastische Sprache ([37],[75]),
ii) $L \cap R$, $L \cup R$ und $L \smallsetminus R$ sind stochastische Sprachen
([47],[74]),
iii) ist $X = \{x\}$ einelementig, dann ist das Komplement
$\text{Com}(L) = \{x\}^* \smallsetminus L$ eine stochastische Sprache (der
allgemeine Fall ist bisher ungelöst), ([22]),
iv) $L_1 \cap L_2$, $L_1 \cup L_2$, $L_1 \cdot L_2$ und das von L erzeugte Untermonoid L^* sind im allgemeinen keine stochastischen
Sprachen ([22],[39],[77]),
v) ist $h : X^* \longrightarrow X'^*$ ein Monoidhomomorphismus, dann
ist h(L) im allgemeinen keine stochastische Sprache
([77],[22]); ist X einelementig, dann ist h(L) jedoch eine stochastische Sprache.

Im folgenden werden Teile von Satz 23 bewiesen.

3.4.2. Spiegelung

Es sei $L \subseteq X^*$ eine stochastische Sprache, dann existiert
ein SAkz $B = (X,Z,\{P(x)|x \in X\},\pi,f)$ und ein λ mit
$L = L(B,\lambda)$. Man betrachte nun den VAkz
$C = (X,Z,\{P(x)^T|x \in X\},f^T,\pi^T)$, wobei T die Transponierung
einer Matrix oder eines Vektors angibt. Für $u=x_1\ldots x_r \in X^*$
gilt dann:

$$\pi \cdot P(u) \cdot f = (\pi \cdot P(u) \cdot f)^T = f^T \cdot \left(P(x_1) \ldots P(x_r)\right)^T \cdot \pi^T$$
$$= f^T \cdot P(x_r)^T \cdot \ldots \cdot P(x_1)^T \cdot \pi^T$$

Also gilt: u ist genau dann aus L, wenn das Spiegelbild
$sp(u)$ aus $L(C,\lambda)$ ist, d.h. $sp(L) = L(C,\lambda)$. Nach Satz 21
ist daher das Spiegelbild einer stochastischen Sprache
wieder stochastisch, womit Satz 23 i) bewiesen ist.

3.4.3. Durchschnitt und Vereinigung mit regulären Sprachen

Es seien $L \subseteq X^*$ eine stochastische und $R \subseteq X^*$ eine reguläre Sprache. Dann existieren ein SAkz $B_1 = (X,Z_1,$
$\{P_1(x)|x \in X\},\pi_1,f_1)$, ein determinierter Akzeptor
$B_2 = (X,Z_2,\{P_2(x)|x \in X\},\pi_2,f_2)$ und ein Schnittpunkt λ
mit $L = L(B_1,\lambda)$ und $R = L(B_2,0)$. O.B.d.A. nehmen wir an,
daß $Z_1 = \{z_1,\ldots,z_n\}$, $Z_2 = \{z_{n+1},\ldots,z_{n+m}\}$ ist. Nach Hilfssatz 26 kann man weiterhin annehmen, daß π_2 ein Zustand ist.
Wir definieren einen SAkz $B = (X,Z,\{P(x)|x \in X\},\pi,f)$ durch

$$Z = Z_1 \cup Z_2, \quad \pi = \tfrac{1}{2}(\pi_1,\pi_2), \quad f = \begin{pmatrix} f_1 \\ f_2 \end{pmatrix} \quad \text{und}$$

$$P(x) = \begin{pmatrix} P_1(x) & 0 \\ 0 & P_2(x) \end{pmatrix} \quad \text{für alle } x \in X.$$ Dann gilt für alle

$u \in X^*$: $\quad \pi \cdot P(u) \cdot f = \tfrac{1}{2}\pi_1 \cdot P_1(u) \cdot f_1 + \tfrac{1}{2}\pi_2 \cdot P_2(u) \cdot f_2$.
Da $\pi_2 \cdot P_2(u) \cdot f_2$ für alle u nur die Werte 0 oder 1 annehmen
kann (da π_2 Zustand ist), so ist $u \in L \cup R$ genau dann, wenn
$\tfrac{1}{2}\pi_1 \cdot P_1(u) \cdot f_1 > \tfrac{1}{2}\lambda$ oder $\tfrac{1}{2}\pi_2 \cdot P_2(u) \cdot f_2 = \tfrac{1}{2}$ ist. Der Fall
$\lambda = 1$ ist trivial, da dann $L = \emptyset$ ist und $L \cup R = R$ ist.
Für $\lambda < 1$ gilt daher: Wenn $u \in L \cup R$ ist, dann ist entweder
$\tfrac{1}{2}\pi_1 \cdot P_1(u) \cdot f_1 > \tfrac{1}{2}\lambda$ und $\tfrac{1}{2}\pi_2 \cdot P_2(u) \cdot f_2 = 0$ oder es ist

$$\tfrac{1}{2}\pi_1 \cdot P_1(u) \cdot f_1 \leq \tfrac{1}{2}\lambda \quad \text{und} \quad \tfrac{1}{2}\pi_2 \cdot P_2(u) \cdot f_2 = \tfrac{1}{2} > \tfrac{1}{2}\lambda \quad \text{oder es ist}$$

$$\tfrac{1}{2}\pi_1 \cdot P_1(u) \cdot f_1 > \tfrac{1}{2}\lambda \quad \text{und} \quad \tfrac{1}{2}\pi_2 \cdot P_2(u) \cdot f_2 = \tfrac{1}{2} > \tfrac{1}{2}\lambda; \quad \text{in jedem}$$

Fall ist also $\pi \cdot P(u) \cdot f > \tfrac{1}{2}\lambda$.

Ist umgekehrt $\pi \cdot P(u) \cdot f > \tfrac{1}{2}\lambda$, dann ist entweder

$$\tfrac{1}{2}\pi_2 \cdot P_2(u) \cdot f_2 = \tfrac{1}{2} > \tfrac{1}{2}\lambda, \quad \text{d.h.} \ u \in R, \quad \text{oder es ist}$$

$$\tfrac{1}{2}\pi_2 \cdot P_2(u) \cdot f_2 = 0 \quad \text{und} \quad \tfrac{1}{2}\pi_1 \cdot P_1(u) \cdot f_1 > \tfrac{1}{2}\lambda, \quad \text{d.h.} \ u \in L.$$

Also ist $u \in L \cup R$ genau dann, wenn $\pi \cdot P(u) \cdot f > \tfrac{1}{2}\lambda$ ist,

d.h. $L \cup R = L(B, \tfrac{1}{2}\lambda)$.

Analog möge der Leser zeigen, daß $L \cap R = L(B, \tfrac{1}{2}\lambda + \tfrac{1}{2})$ gilt.

Da $L \smallsetminus R = L \cap \mathrm{Com}(R)$ ist und da mit R auch $\mathrm{Com}(R)$ regulär
ist, so muß $L \smallsetminus R$ ebenfalls eine stochastische Sprache sein,
da der Durchschnitt mit einer regulären Sprache nicht aus
der Menge der stochastischen Sprachen herausführt.
Hiermit ist Satz 23 ii) bewiesen.

3.4.4. Komplement

L werde vom SAkz $B = (X, Z, \{P(x) \mid x \in X\}, \pi, f)$ mit Schnittpunkt λ akzeptiert, dann gilt:
$$\mathrm{Com}(L) = \{u \mid \pi \cdot P(u) \cdot f \leqq \lambda\}$$
$$= \{u \mid \pi \cdot P(u) \cdot f = \lambda\} \cup \{u \mid \pi \cdot P(u) \cdot f < \lambda\}.$$
Die Menge $\{u \mid \pi \cdot P(u) \cdot f < \lambda\} = \{u \mid \pi \cdot P(u) \cdot \tilde{f} > 1 - \lambda\}$ ist
eine stochastische Sprache; man ersetze nämlich in B den
Endvektor f durch $\boldsymbol{m} - f = \tilde{f}$ (d.h. $\tilde{f}$ geht aus f hervor, indem man in f die Nullen durch Einsen und die Einsen durch
durch Nullen ersetzt), und der so aus B gewonnene SAkz $\tilde{B}$
akzeptiert die obige Menge mit dem Schnittpunkt $1 - \lambda$. Aus
3.4.3. folgt daher: wenn $L_=(B, \lambda) := \{u \mid \pi \cdot P(u) \cdot f = \lambda\}$
eine reguläre Sprache ist, dann ist $\mathrm{Com}(L)$ eine stochastische
Sprache (dies gilt insbesondere, wenn λ schwach isoliert ist;
siehe Aufgabe ii) in 3.2.2.).
Im allgemeinen ist jedoch $L_=(B, \lambda)$ keine reguläre Sprache,
wie Beispiel 11 für $\lambda = \tfrac{1}{2}$ zeigt (der Leser möge dies

verifizieren).

Im Fall, daß $X = \{x\}$ einelementig ist, kann man zeigen:
$L_=(B,\lambda) \subsetneq \{x\}^*$ ist stets regulär ([22]); der Beweis ist nicht
trivial und erfordert analytische Hilfsmittel. Mit obiger
Bemerkung folgt dann: das Komplement einer stochastischen
Sprache über $\{x\}$ ist wieder stochastisch.

Der Vollständigkeit halber formulieren wir hier ein weiteres
Ergebnis über stochastische Sprachen, das der Leser beweisen möge (siehe Aufgabe unten). Wie in Aufgabe v) in 3.3.2.
möge eine reelle Zahl λ ein isolierter Schnittpunkt des
VAkz C heißen, falls es ein $\Delta > 0$ gibt, so daß für alle
Wörter u gilt: $|\pi \cdot M(u) \cdot f - \lambda| \geq \Delta$.

Hilfssatz 33:

   i) Ist $L = L(C,\lambda)$ für einen VAkz C und einen isolierten
      Schnittpunkt λ, dann ist Com(L) eine stochastische
      Sprache (dies ist eine Verallgemeinerung von Satz 18).

  ii) Ist $L = L(C,\lambda)$ für einen rationalen Schnittpunkt λ
      und einen VAkz, dessen Vektoren und Matrizen nur ra-
      tionale Elemente besitzen, dann ist Com(L) eine sto-
      chastische Sprache ([76]).

Aufgabe: Man beweise Hilfssatz 33. Bei i) ersetze man den
Anfangsvektor π durch $-\pi$; ii) folgt aus i), indem man λ
zu Null macht und alle Matrizen in einfacher Weise so ab-
ändert, daß λ isoliert wird.

3.4.5. Vereinigung, Durchschnitt, Produkt, Untermonoid

Mit Hilfe eines Approximationssatzes von Kronecker gelang
es Fliess ([22]) folgendes zu zeigen: es seien ϕ und ϕ'
so gewählt, daß keine rationalen Zahlen r_1, r_2 und r_3 mit
$r_1 + r_2\phi + r_3\phi' = 0$ existieren, dann gilt für die in Beispiel 12 in 3.3.3. definierten Sprachen L_ϕ und $L_{\phi'} \subsetneq \{x\}^*$:
$L_\phi \cup L_{\phi'}$ ist keine stochastische Sprache. Da $L_\phi \cup L_{\phi'} =$
$\mathrm{Com}(\mathrm{Com}(L_\phi) \cap \mathrm{Com}(L_{\phi'}))$ ist, und da wegen Satz 23 iii) die
Komplemente von L_ϕ und $L_{\phi'}$ stochastisch sind, so ist der
Durchschnitt der stochastischen Sprachen $\mathrm{Com}(L_\phi)$ und

$Com(L_\phi,)$ ebenfalls nicht stochastisch. (Offenbar ist auch $L_\phi \cap L_\phi,$ nicht stochastisch.)

In [39] und [77] wird gezeigt, daß das Produkt und die Bildung des Untermonoides aus der Menge der stochastischen Sprachen herausführt.

3.4.6. Homomorphismen

Es seien $X = \{x,x'\}$ und $X' = \{x'\}$, dann sind
$L_\phi = \{x^n | \sin(2\pi n\phi) > 0\}$ und $L_\phi, = \{x'^n | \sin(2\pi n\phi') > 0\}$
und offensichtlich auch $L_\phi \cup L_\phi,$ für alle ϕ und ϕ' stochastische Sprachen über X. Definiert man den Homomorphismus
$h : X^* \longrightarrow X'^*$ durch $h(x) = h(x') = x'$, dann ist nach
3.4.5. für geeignete ϕ und ϕ' die Menge $h(L_\phi \cup L_\phi,)$ keine stochastische Sprache.

<u>Aufgabe</u>: Man zeige: ist X einelementig, so ist h(L) für jede stochastische Sprache $L \subseteq X^*$ ebenfalls stochastisch.

3.4.7. Aufgaben

i) Man betrachte den VAkz $C = (X,\{z_1,\ldots,z_5\},\{M(x)|x \in X\},\pi,f)$
   mit $X = \{x_1,x_2,x_3\}$, $\pi = (1,0,0,0,0)$,

$$M(x_1) = \begin{pmatrix} 1 & 1 & 0 & 0 & -1 \\ 0 & 1 & 0 & 0 & -2 \\ 0 & 0 & 1 & 0 & 1 \\ 0 & 0 & 0 & 1 & 1 \\ 0 & 0 & 0 & 0 & 1 \end{pmatrix}, M(x_2) = \begin{pmatrix} 1 & 0 & 1 & 0 & -1 \\ 0 & 1 & 0 & 0 & 1 \\ 0 & 0 & 1 & 0 & -2 \\ 0 & 0 & 0 & 1 & 1 \\ 0 & 0 & 0 & 0 & 1 \end{pmatrix}$$

$$M(x_3) = \begin{pmatrix} 1 & 0 & 0 & 1 & -1 \\ 0 & 1 & 0 & 0 & 1 \\ 0 & 0 & 1 & 0 & 1 \\ 0 & 0 & 0 & 1 & -2 \\ 0 & 0 & 0 & 0 & 1 \end{pmatrix}, f = \begin{pmatrix} 0 \\ 0 \\ 0 \\ 0 \\ 1 \end{pmatrix} .$$

Man gebe $L(C,-1)$ an, schneide diese Sprache mit einer geeignet gewählten regulären Sprache und zeige auf diese Weise, daß $L = \{x_1^n x_2^n x_3^n | n \geq 0\}$ eine stochastische Sprache ist (Satz 23 ii)).

ii) Man verallgemeinere die in Aufgabe i) angegebene Idee
und zeige, daß $\{x_1^n x_2^n \ldots x_r^n | n \geq 0\}$ eine stochastische Spra-
che über $\{x_1, \ldots, x_r\}$ für jedes $r \geq 1$ ist.

iii) Man zeige: Eine Menge $L \subseteq \{x\}^*$ ist dann und nur dann
eine stochastische Sprache, wenn es eine natürliche
Zahl k und 2k reelle Zahlen $\alpha_1, \ldots, \alpha_k$ und $\sigma_0, \ldots, \sigma_{k-1}$
so gibt, daß für die durch

$$\sigma_m := \sum_{i=1}^{k} \alpha_i \sigma_{m-i} \quad \text{(für alle } m \geq k)$$

definierte Folge $\sigma_0, \sigma_1, \ldots, \sigma_{k-1}, \sigma_k, \sigma_{k+1}, \ldots$ gilt:
$x^m \in L \iff \sigma_m > 0$.

iv) Es sei $L \subseteq X^*$ eine Sprache, dann ist die Linksableitung
von L bzgl. $u \in X^*$ definiert durch
$\partial_u(L) = \{v \in X^* | uv \in L\}$, und analog die Rechtsableitung
$\partial_u'(L) = \{v \in X^* | vu \in L\}$. Man zeige ([56]):

a) Ist L stochastisch, dann ist $\partial_u(L)$ stochastisch für
jedes $u \in X^*$.

b) Eine Sprache $L \subseteq X^*$ ist dann und nur dann stochastisch,
wenn es eine ganze Zahl $k \geq 0$ gibt, so daß für alle
$u \in X^*$ mit der Länge k gilt: $\partial_u(L)$ ist stochastisch.

c) Unter Verwendung von Satz 23 i) zeige man: die Aussagen a) und b) bleiben richtig, wenn man die Linksableitung durch die Rechtsableitung ersetzt.

v) Die bekannten Sätze über stochastische Matrizen (siehe
z.B. [26]) zeigen, daß die Menge $\{_\pi P^n f | n \geq 0\}$ für eine
stochastische Matrix P nur endlich viele Häufungspunkte
besitzen kann. Man zeige daher: Ein SAkz über einem ein-
elementigen Alphabet kann nur endlich viele nicht-reguläre Sprachen akzeptieren. Man gebe eine obere Schranke
für die Anzahl dieser Sprachen an ([73]).

3.4.8. Vergleich mit anderen Sprachhierarchien

Wir setzen voraus, daß der Leser mit den Begriffen kontextfrei, kontextsensitiv, entscheidbar und aufzählbar vertraut

ist ([30]). Die stochastischen Sprachen gliedern sich in die bekannten Sprachhierarchien nicht ein, sie überlappen sich vielmehr mit ihnen. Folgender Satz faßt die Resultate zusammen:

<u>Satz 24</u>:

i) Jede reguläre Sprache ist stochastisch (Satz 17).

ii) Es gibt stochastische Sprachen, die kontextfrei, aber nicht regulär sind (Satz 17).

iii) Es gibt stochastische Sprachen, die kontextsensitiv, aber nicht kontextfrei sind (Aufgabe i in 3.4.7.; ein anderes Beispiel ist in [47] angegeben).

iv) Es gibt stochastische Sprachen, die entscheidbar, aber nicht kontextsensitiv sind (man wähle λ bei einem m-adischen Akzeptor geeignet, z.B. gleich einer allgemeinen berechenbaren Zahl).

v) Es gibt stochastische Sprachen, die nicht aufzählbar sind (siehe Bemerkung in 3.1.3.).

vi) Es gibt entscheidbare Sprachen, die nicht stochastisch sind (man wähle ϕ und ϕ' in 3.4.5. geeignet).

vii) Es gibt kontextfreie Sprachen, die nicht stochastisch sind ([39]).

Ein SAkz möge ein rationaler SAkz heißen, wenn alle seine Matrizen und Vektoren nur rationale Zahlen enthalten. Eine stochastische Sprache heißt rational, falls sie von einem rationalen SAkz mit rationalem Schnittpunkt akzeptiert wird. Für rationale stochastische Sprachen gilt Satz 24 i) bis iii) entsprechend. Weiterhin ist jede rationale Sprache kontextsensitiv, aber nicht umgekehrt ([72]).
Nasu und Honda konnten zeigen ([38]): es gibt kein generelles Verfahren, um zu einem beliebigen rationalen SAkz B und einem rationalen Schnittpunkt λ nachzuprüfen, ob $L(B,\lambda) = \emptyset$ oder ob $L(B,\lambda) = X^*$ oder ob $L(B,\lambda)$ regulär ist, sofern X mindestens zwei Elemente besitzt (Der Fall, daß X einelementig ist, ist noch ungelöst.). Diese Nicht-Entscheidbarkeitsaussage werden wir in etwas abgeschwächter

Form in 4.2.4. beweisen. Der Beweis wird durch Rückführung
auf das Postsche Korrespondenzproblem erbracht ([30]). Zu
zwei rationalen SAkz B und B' und zwei rationalen Schnittpunkten λ und λ' kann man daher nicht generell nachprüfen,
ob $L(B,\lambda) = L(B',\lambda')$ ist. Zum Beweis dieser Aussage wähle
man B' und λ' so, daß $L(B',\lambda') = \emptyset$ ist.
Jedoch ist es entscheidbar, ob für zwei SAkz B und B' gilt:
$L(B,\lambda) = L(B',\lambda)$ für alle Schnittpunkte λ (siehe 3.5.2.).
In diesem Zusammenhang interessiert die Frage, ob man es
einem Schnittpunkt λ ansehen kann, ob er isoliert bzgl.
eines SAkz B ist oder nicht. Ein Entscheidungsverfahren
ist für dieses Problem noch nicht bekannt.

<u>Bemerkung</u>: Zusammen mit Satz 22 erhält man aus obigen Aus-
führungen folgende Aussage: Es gibt keinen Algorithmus, mit
dessen Hilfe man zu jeder beliebigen endlichen Menge von
quadratischen Matrizen $M_1,\ldots,M_m$ (mit $m \geq 2$) gleicher
Ordnung, deren Elemente ausschließlich ganze Zahlen sind,
nachprüfen kann, ob es ein Produkt $M_{i_1}\cdot\ldots\cdot M_{i_r}$ gibt, so daß
das rechte obere Element dieser Matrix positiv ist. (Man kann
sich auf ganze Zahlen beschränken, indem man alle ursprüng-
lich rationalen Matrizen mit einer geeigneten Zahl multipliziert.)

3.5. Zusammenhänge mit stochastischen Automaten

3.5.1. Von einem ESA darstellbare Sprachen

Bei einem endlichen determinierten Automaten $A = (X,Y,Z;p)$
definiert man die von A dargestellten Sprachen $L(A,z,y)$ folgendermaßen ([29]): ein Wort $u \in X^*$ liegt genau dann in
$L(A,z,y)$, wenn der Automat A bei Eingabe von u im Anfangszustand z als letztes Ausgabezeichen y ausgibt. Mit Hilfe von
Satz 16 in 2.5.6. erkennt man leicht, daß hiermit bis auf
das leere Wort genau die regulären Sprachen charakterisiert
werden.
Eine analoge Definition führen wir für ESA ein:

<u>Definition 34</u>: Es sei $A = (X,Y,Z;p)$ ein endlicher stochasti-
scher Automat (ESA), $\pi = (\pi_1,\ldots,\pi_n)$ eine Zustandsverteilung von A und λ mit $0 \leq \lambda \leq 1$ eine reelle Zahl
(Schnittpunkt). Für alle $u \in X^*$ ($u \neq e$) und $y \in Y$ sei

$$p(y\|u,\pi) := \sum_{v\in Y^*} \pi \cdot P(vy|u) \cdot \textit{n}$$

$$= \sum_{z_i \in Z} \sum_{z \in Z} \sum_{v \in Y^*} p(vy,z|u,z_i) \cdot \pi_i$$

die Wahrscheinlichkeit dafür, daß y als letztes Zeichen
ausgegeben wird, wenn π die Anfangsverteilung von A war
und u eingegeben wurde (man braucht nur über die $v \in Y^*$
zu summieren, deren Länge um 1 kleiner ist als die Länge
von u; $\textit{n}$ ist der Spaltenvektor, der nur aus Einsen besteht). Dann heißt
$L(A,\pi,y,\lambda) := \{u \in X^*|p(y\|u,\pi) > \lambda\}$ die von A mit π
und λ durch Ausgabe y dargestellte Sprache.

Offenbar gilt:

<u>Hilfssatz 34</u>: Wenn $A \approx A'$ gilt, dann gibt es zu jeder Zu-
standsverteilung π von A ein π' von A', so daß für alle
$y \in Y$ und für alle Schnittpunkte λ gilt:
$L(A,\pi,y,\lambda) = L(A',\pi',y,\lambda)$.

(Zum Beweis wähle man π' so, daß $\pi \sim \pi'$ gilt.)

Wie bei determinierten Automaten gilt ($\boxed{55}$):

<u>Satz 25</u>: Eine Sprache L ist genau dann stochastisch, wenn
$L \smallsetminus \{e\}$ durch einen ESA (mit π und λ durch Ausgabe y)
dargestellt wird.

Beweis: Es sei $L = L(B,\lambda)$ für einen SAkz
$B = (X,Z,\{P(x)|x \in X\},\pi,f)$. Die Endzustandsmenge von B
sei F. Weiterhin sei $p(z_j|x,z_i)$ das (i,j)-te Element
der Matrix $P(x)$. Dann setze man $A = (X,Y,Z;\tilde{p})$ mit
$Y = \{y,y'\}$ und

$$\tilde{p}(y,z'|x,z) := \begin{cases} p(z'|x,z) & \text{falls } z' \in F \\ 0 & \text{sonst} \end{cases}$$

$$\tilde{p}(y',z'|x,z) := \begin{cases} p(z'|x,z) & \text{falls } z' \notin F \\ 0 & \text{sonst .} \end{cases}$$

Offenbar ist A ein ESA, und für alle $x \in X$ gilt:
$\tilde{P}(y|x) \cdot \text{\textit{N}} = P(x) \cdot f$. Es folgt:
$\tilde{p}(y\| x,\pi) = \pi \cdot \tilde{P}(y|x) \cdot \text{\textit{N}} = \pi \cdot P(x) \cdot f$,
und durch Induktion für alle $u \in X^*$ und $x \in X$:

$$\tilde{p}(y\| ux,\pi) = \sum_{v \in Y^*} \pi \cdot \tilde{P}(vy|ux) \cdot \text{\textit{N}}$$

$$= \pi \cdot \Big(\sum_{v \in Y^*} \tilde{P}(v|u) \Big) \cdot \tilde{P}(y|x) \cdot \text{\textit{N}}$$

$$= \pi \cdot P(u) \cdot P(x) \cdot f = \pi \cdot P(ux) \cdot f,$$

d.h. für alle $u \in X^*$ ($u \neq e$) gilt:
$\tilde{p}(y\| u,\pi) > \lambda \iff \pi \cdot P(u) \cdot f > \lambda$, also $L(A,\pi,y,\lambda) =$
$L(B,\lambda) \smallsetminus \{e\}$.

Sei umgekehrt $L \smallsetminus \{e\} = L(A,\pi,y,\lambda)$, dann existiert nach
Satz 16 ein zu A äquivalenter endlicher Moore-Automat
$A' = (X,Y,Z;\tilde{p})$ mit einer Funktion μ, für die gilt:
zu jedem $\tilde{z} \in Z$ existiert genau ein $\tilde{y}$ mit $\mu(\tilde{y}|\tilde{z}) = 1$.
Dann definiere man $B = (X,Z,\{P(x)|x \in X\},\pi,f)$ durch die
Endzustandsmenge $F = \{z \in Z|\mu(y|z) = 1\}$ und die Matrizen-
elemente $p(z'|x,z) := \tilde{p}(y',z'|x,z)$, wobei y' das durch
$\mu(y'|z') = 1$ eindeutig bestimmte Ausgabezeichen ist. Wie
in der anderen Richtung des Beweises zeigt man nun, daß
$\tilde{p}(y\| u,\pi) = \pi \cdot P(u) \cdot f$ für alle $u \in X^*$ ($u \neq e$) gilt, d.h.
$L(A',\pi,y,\lambda) = L(B,\lambda) \smallsetminus \{e\}$, und nach Hilfssatz 34 ist diese Menge gleich $L \smallsetminus \{e\}$. Mit $L \smallsetminus \{e\}$ ist aber auch L stochastisch (siehe VI. in 3.3.2.), womit Satz 25 bewiesen
ist.

Satz 25 rechtfertigt es nachträglich, daß wir anstelle der
Darstellbarkeit durch stochastische Automaten den einfache-
ren Begriff des Akzeptierens durch stochastische Akzeptoren gewählt haben.

<u>Aufgaben</u>: Man zeige ([55]): Jede von einem Z-determinierten
SA dargestellte Sprache ist regulär. Hinweis: man beweise
diese Aussage für Z-determinierte Moore-Automaten und zei-

ge, daß es zu jedem Z-determinierten SA einen Z-äquivalenten Z-determinierten Moore-Automaten gibt (siehe Aufgabe v)
in 2.5.6.).

Weiterhin zeige man, daß diese Aussage nicht für Y-determinierte SA gilt. Man folgere hieraus, daß nicht jeder SA
einen äquivalenten Z-determinierten SA besitzt (dies folgt
auch aus den Bemerkungen in 2.4.3. und Satz 14).

3.5.2. Reduktionstheorie

In Analogie zur Definition der Äquivalenz bei SA definieren
wir:

Definition 35:Die SAkz $B = (X,Z,\{P(x)|x \in X\},\pi,f)$ und
$B' = (X,Z',\{P'(x)|x \in X\},\pi',f')$ heißen äquivalent, wenn
für alle $u \in X^*$ gilt:
$$\pi \cdot P(u) \cdot f = \pi' \cdot P'(u) \cdot f'.$$

B und B' sind also genau dann äquivalent, wenn für alle λ
gilt: $L(B,\lambda) = L(B',\lambda)$. Man kann nachprüfen, ob diese Bedingung erfüllt ist, wie folgender Hilfssatz zeigt ([47]):

Hilfssatz 35: B besitze n, B' n' Zustände.
B ist genau dann äquivalent zu B', wenn für alle $u \in X^*$,
deren Länge höchstens n + n' - 2 beträgt, gilt:
$$\pi \cdot P(u) \cdot f = \pi' \cdot P'(u) \cdot f'.$$

Der Beweis kann genauso wie der zu Satz 2 und dem dort an-
schließenden Korollar (siehe 2.1.3.) geführt werden. Wenn
man beachtet, daß auch $\pi \cdot P(u) \cdot (\text{\it w} - f) = \pi' \cdot P'(u) \cdot (\text{\it w}' - f')$
für alle u gelten muß, erhält man eine zusätzliche Bedingung,
durch die man die in Satz 2 angegebene Schranke um 1 er-
niedrigen kann.

Starke ([68]) hat die gesamte in Kapitel 2 dargestellte Reduktionstheorie auf die Klasse der Rabin-Akzeptoren übertragen (ein Rabin-Akzeptor ist ein SAkz ohne Anfangsverteilung π). Die in Kapitel 2 angegebenen Sätze gelten entsprechend für Rabin-Akzeptoren.

Aufgaben: Man beweise Hilfssatz 35.

Kapitel 4: Realisierbarkeit von Abbildungen

In diesem Kapitel betrachten wir die Verhaltensweise eines endlichen Automaten, bzw. eines Akzeptors, wie sie sich einem außenstehenden Beobachter bietet. Diese Verhaltensweise läßt sich darstellen als eine Abbildung, die wir stochastischer Operator, bzw. stochastisches Ereignis nennen werden. Aus Eigenschaften dieser Abbildungen werden wir weitere Aussagen über stochastische Automaten und stochastische Sprachen gewinnen.

4.1. Stochastische Operatoren

4.1.1. Definition

Es sei $A = (X,Y,Z;p)$ ein stochastischer Automat (SA) und π eine Zustandsverteilung von A. Dann kann man je zwei Worten $u \subset X^*$ und $v \in Y^*$ mit gleicher Länge die Wahrscheinlichkeit $\eta^\pi(v|u) = \pi \cdot \eta(v|u)$ (siehe 1.3.3.) dafür zuordnen, daß A bei Eingabe von u und bei der Anfangsverteilung π das Wort v ausgibt. η^π ist eine Abbildung von $Y^* \times X^*$ in $[0,1]$; da jedoch für alle u und v mit verschiedener Länge $\eta^\pi(v|u) = 0$ gilt, so genügt es, η^π als Abbildung von $(Y \times X)^*$ in $[0,1]$ aufzufassen. Anstelle von $\eta^\pi((y_1,x_1)\ldots(y_r,x_r))$ schreiben wir wieder $\eta^\pi(y_1\ldots y_r|x_1\ldots x_r)$ und die Einheit von $(Y \times X)^*$ bezeichnen wir mit $(e|e)$. Diese Schreibweise ist erlaubt, da $(Y \times X)^*$ isomorph zu $\{(v|u)|v \in Y^*, u \in X^*, l(v) = l(u)\}$ ist.

<u>Definition 36</u>: Eine Abbildung $\Phi : (Y \times X)^* \longrightarrow [0,1]$
heißt ein unbestimmter Operator über $Y \times X$, wenn für alle $x \in X$ gilt:

i) $\displaystyle\sum_{y \in Y} \Phi(y|x) = 1,$

ii) $\displaystyle\sum_{y \in Y} \Phi(vy|ux) = \Phi(v|u)$ für alle $(v|u) \in (Y \times X)^*.$

Speziell folgt aus i) und ii): $\Phi(e|e) = 1$.
Man erkennt sofort:

<u>Hilfssatz 36</u>: Für jede Zustandsverteilung π ist η^π ein un-
bestimmter Operator.

Man beachte, daß ein unbestimmter Operator Φ kein stochastischer Prozeß ist (siehe Anhang 2); vielmehr ordnet Φ
jedem Wort $u \in X^*$ eine Wahrscheinlichkeitsverteilung
$\Phi(\cdot|u)$ über $\{v \in Y^* | l(v) = l(u)\}$ zu.

<u>Definition 37</u>: Ein unbestimmter Operator Φ heißt von dem
SA A durch π realisiert, wenn $\eta^\pi = \Phi$ gilt. Φ heißt realisierbar, wenn es einen SA A und eine Zustandsvertei-
lung π mit $\eta^\pi = \Phi$ gibt. Φ heißt stochastisch oder finit-
realisierbar, wenn Φ von einem endlichen SA realisiert
werden kann.

<u>Bemerkung</u>: In [69] werden die unbestimmten Operatoren als
stochastische Operatoren bezeichnet. Wir verwenden hier
die Begriffe "unbestimmt" und "stochastisch" in Analogie
zu den Bezeichnungen bei Ereignissen (siehe 4.2.).

4.1.2. Realisierbarkeit unbestimmter Operatoren

Jeder unbestimmte Operator wird von einem geeigneten SA
realisiert, d.h. es gilt die Umkehrung von Hilfssatz 36
([62]).

<u>Satz 26</u>: Eine Abbildung Φ : $(Y \times X)^* \longrightarrow [0,1]$ ist dann und
nur dann ein unbestimmter Operator, wenn es einen SA A
und eine Zustandsverteilung π mit $\eta^\pi = \Phi$ gibt.

<u>Beweis</u>: Wegen Hilfssatz 36 genügt es zu zeigen, daß jeder
unbestimmte Operator realisierbar ist.
Es sei Φ ein unbestimmter Operator über $Y \times X$. Für
$(v|u) \in (Y \times X)^*$ mit $\Phi(v|u) \neq 0$ definiere man die Abbildung $\Phi^{v,u}$ durch

$$\Phi^{v,u}(v'|u') = \frac{\Phi(vv'|uu')}{\Phi(v|u)} \quad .$$

Offenbar ist $\Phi^{v,u}$ wieder ein unbestimmter Operator über

$Y \times X$. Man definiere nun $A = (X,Y,Z;p)$ durch
$Z = \{\Phi^{v,u} \mid (v|u) \, \varepsilon \, (Y \times X)^{*}$ mit $\Phi(v|u) \neq 0\}$ und

$$p(y,\Phi^{v',u'}|x,\Phi^{v,u}) = \begin{cases} \Phi^{v,u}(y|x) & \text{falls } v' = vy \text{ und} \\ & \qquad u' = ux, \\ 0 & \text{sonst.} \end{cases}$$

Offensichtlich ist A ein SA; weiterhin ist A observabel
(siehe 2.5.1.). Es sei β die in Definition 18 angegebene
und auf $Y^{*} \times X^{*} \times Z$ fortgesetzte Abbildung. Dann gilt für
alle $(v|u) \, \varepsilon \, (Y \times X)^{*}$ und $\Phi^{v',u'} \, \varepsilon \, Z$:
$\beta(v,u,\Phi^{v',u'}) = \Phi^{v'v,u'u}$. Da für observable SA nach
Hilfssatz 19 gilt : $z \cdot \eta(v|u) = p(v,\beta(v,u,z)|u,z)$,
so gilt für alle $\Phi^{v',u'} \, \varepsilon \, Z$, $(v|u) \, \varepsilon \, (Y \times X)^{*}$ mit
$v = y_1 \ldots y_r$, $u = x_1 \ldots x_r$:

$$\Phi^{v',u'} \cdot \eta(v|u) = \Phi^{v',u'}(y_1|x_1) \cdot \Phi^{v'y_1,u'x_1}(y_2|x_2) \cdot \ldots$$

$$\cdot \Phi^{v'y_1 \ldots y_{r-1},u'x_1 \ldots x_{r-1}}(y_r|x_r)$$

$$= \Phi^{v',u'}(y_1 \ldots y_r|x_1 \ldots x_r) = \Phi^{v',u'}(v|u),$$

wie aus der Definition von $\Phi^{v',u'}$ folgt. Also wird jeder
unbestimmte Operator $\Phi^{v',u'}$ von A durch den Zustand
$\Phi^{v',u'}$ realisiert. Insbesondere wird Φ durch $\Phi^{e,e}$
realisiert, womit Satz 26 bewiesen ist.

Der im Beweis konstruierte observable SA ist offenbar reduziert. Nach Satz 14 (2.5.1.) ist dieser bis auf Isomorphie eindeutig bestimmt. Zu jedem unbestimmten Operator Φ
gibt es also bis auf Isomorphie genau einen reduzierten
observablen SA, der Φ durch einen Zustand realisiert. (In
dieser Form wurde Satz 26 in [2] bewiesen.)
Der im Beweis konstruierte observable SA A ist im allgemeinen unendlich groß. Es erhebt sich die Frage, ob man einen
unbestimmten Operator Φ stets finit realisieren kann.

Hilfssatz 37: Es gibt unbestimmte Operatoren, die nicht
finit-realisierbar sind.

Beweis: Man betrachte den unbestimmten Operator Φ über
$\{y,y'\} \times \{x\}$, der folgendermaßen rekursiv definiert ist:

142

$$\Phi(e|e) = 1$$

$$\Phi(vy|x^{m+1}) = \begin{cases} \Phi(v|x^m) & \text{falls } x^{m+1} \in L_\phi \cup L_\psi \\ 0 & \text{sonst} \end{cases}$$

$$\Phi(vy'|x^{m+1}) = \begin{cases} \Phi(v|x^m) & \text{falls } x^{m+1} \notin L_\phi \cup L_\psi \\ 0 & \text{sonst} \end{cases}$$

für alle $m \geq 0$, $v \in Y^*$ mit $l(v) = m$. Hierbei seien L_ϕ und L_ψ die in Beispiel 12 (3.3.3.) definierten Sprachen. Offenbar ist die Menge $\{x^n | \text{es existiert ein } v \text{ mit } \Phi(vy|x^n) = 1\}$ gleich $L_\phi \cup L_\psi$. Wenn es einen endlichen SA A und ein π mit $\eta^\pi = \phi$ gibt, dann gilt für ein beliebiges λ mit $0 < \lambda < 1$: $L(A,\pi,y,\lambda) = L_\phi \cup L_\psi$, und nach Satz 25 ist diese Sprache stochastisch. In 3.4.5. wurde angegeben, daß $L_\phi \cup L_\psi$ bei geeigneter Wahl von ϕ und ψ nicht stochastisch ist. Für solche ϕ und ψ kann es also keinen ESA geben, der ϕ realisiert.

Man kann einfachere Beispiele für nicht finit-realisierbare unbestimmte Operatoren angeben; z.B. kann man anstelle der Bedingung "$x^{m+1} \in L_\phi \cup L_\psi$" im Beweis zu Hilfssatz 37 auch schreiben: "m+1 ist eine Primzahl", und der so definierte Operator kann nicht finit-realisierbar sein, da sonst die Menge der Primzahlen nach Hilfssatz 25 und Satz 25 regulär wäre.

<u>Aufgaben:</u>

i) Man zeige ([62]): Kann der unbestimmte Operator ϕ in einem stochastischen Mealy-Automaten realisiert werden, dann gilt für alle $(y|x) \in Y \times X$ mit $\phi(y|x) \neq 0$ und für alle $(v|u) \in (Y \times X)^*$:

der Quotient $\dfrac{\phi(yv|xu)}{\phi(y|x)}$ ist von y unabhängig.

(Vergleiche Aufgabe iv) in 2.5.6.)

Ist umgekehrt diese Bedingung für ϕ erfüllt und ist X einelementig, dann kann ϕ von einem stochastischen Mealy-Automaten durch einen Zustand realisiert werden.

ii) Ein unbestimmter Operator ϕ über $Y \times X$ heißt homogen, wenn für alle $(y|x) \in Y \times X$ und für alle $(v|u) \in (Y \times X)^*$

mit $\Phi(v|u) \neq 0$

der Quotient $\dfrac{\Phi(vy|ux)}{\Phi(v|u)}$ von v unabhängig ist. Man zeige:

Φ ist genau dann homogen, wenn Φ von einem Z-determinierten SA realisiert werden kann ([62]).

4.1.3. Charakterisierung finiter Realisierbarkeit

Wie im Beweis zu Hilfssatz 37 angegeben kann man mit unendlichen SA jede beliebige Teilmenge von X^{*} darstellen (Definition 34). Die Einschränkung auf endliche SA ist daher sinnvoll. Da die SA und die unbestimmten Operatoren einander zugeordnet sind (Satz 26), stellt sich die Frage, ob ein gegebener unbestimmter Operator von einem endlichen SA realisiert werden kann.

Wir wollen zunächst eine sehr einfache Charakterisierung der unbestimmten Operatoren angeben, die sich von endlichen SA realisieren lassen ([2]). Hierzu seien $\Phi^{v,u}$ die im Beweis zu Satz 26 aus Φ gewonnenen unbestimmten Operatoren.

Hilfssatz 38: Ein unbestimmter Operator Φ über $Y \times X$ ist

dann und nur dann finit-realisierbar, wenn es eine endliche Menge $\{\Phi_1, \ldots, \Phi_n\}$ von unbestimmten Operatoren über $Y \times X$ gibt, so daß gilt:

i) Φ ist konvexe Linearkombination von $\Phi_1, \ldots, \Phi_n$, d.h. es existieren nichtnegative reelle Zahlen $\pi_1, \ldots, \pi_n$

mit $\Phi = \displaystyle\sum_{i=1}^{n} \pi_i \Phi_i$ (wegen Bedingung i) in Definition

36 muß $\displaystyle\sum_{i=1}^{n} \pi_i = 1$ sein),

ii) Zu jedem $(y|x) \in Y \times X$ mit $\Phi_i(y|x) \neq 0$ ist $\Phi_i^{y,x}$ konvexe Linearkombination von $\Phi_1, \ldots, \Phi_n$.

Beweis: Die Notwendigkeit der Bedingungen i) und ii) ist unmittelbar klar: man fasse die unbestimmten Operatoren $\Phi_1, \ldots, \Phi_n$ als die durch die Zustände $z_1, \ldots, z_n$ realisierten Operatoren auf und setze $\Phi = \eta^{\pi}$ mit $\pi = (\pi_1, \ldots, \pi_n)$.

Es seien umgekehrt i) und ii) erfüllt. Nach ii) gibt es
zu $\Phi_i(y|x) \neq 0$ nichtnegative reelle Zahlen $\rho_{ij}(y|x)$ mit

$$\Phi_i^{y,x} = \sum_{j=1}^{n} \rho_{ij}(y|x) \cdot \Phi_j \ .$$

Man definiere daher $A = (X,Y,Z;p)$ mit $Z = \{z_1,\ldots,z_n\}$
und $\quad p_{ij}(y|x) = \begin{cases} \rho_{ij}(y|x) \cdot \Phi_i(y|x) & \text{falls } \Phi_i(y|x) \neq 0 \\ 0 & \text{sonst} \end{cases}$

für alle $y \in Y$, $x \in X$, $i,j=1,\ldots,n$.

Da $\sum\limits_{j=1}^{n} \rho_{ij}(y|x) = 1$ ist, so ist A ein endlicher SA

und offenbar wird Φ_i von A durch z_i realisiert ($i=1,\ldots,n$).
Wegen i) folgt für $\pi = (\pi_1,\ldots,\pi_n)$:
$\Phi = \eta^\pi$, womit Hilfssatz 38 bewiesen ist.

Bemerkung: Der im Beweis konstruierte SA ist im allgemeinen nicht eindeutig bestimmt (Satz 3 in 2.1.4.), da die
Koeffizienten ρ_{ij} nicht eindeutig bestimmt sein müssen.

Schränkt man Hilfssatz 38 auf Operatoren ein, die in endlichen determinierten Automaten realisiert werden können,
so erhält man den dort bekannten Satz über darstellbare
Abbildungen (siehe z.B. [29]). Ein wesentlich tiefer lie-
gendes Resultat wurde von Küstner [34] angegeben. Analog
zum Satz von Kleene (siehe Anhang 1) werden in dieser Arbeit die unbestimmten Operatoren aus sogenannten Elementar-
Operatoren, die Abbildungen von $Y \times X$ in $[0,1]$ sind, mit
Hilfe dreier Verknüpfungen aufgebaut. Es stellt sich heraus,
daß die Verknüpfungen nicht willkürlich angewandt werden
dürfen, wenn man die Menge der finit-realisierbaren Operatoren nicht verlassen will. Unter gewissen Nebenbedingungen
kann man jedoch genau die finit-realisierbaren Operatoren
durch endliche Verknüpfung von Elementar-Operatoren darstellen. Wir verweisen den Leser zur genaueren Information
auf [69] und [34].

Aufgabe: Unbestimmte Operatoren, die nur die Werte 0 und 1
annehmen können, mögen determiniert heißen. Man zeige:

Ein determinierter Operator Φ ist dann und nur dann finit-realisierbar, wenn es determinierte Operatoren $\Phi_1,\ldots,\Phi_n$ mit $\Phi_1 = \Phi$ und eine Abbildung
$\rho: \{\Phi_1,\ldots,\Phi_n\} \times Y \times X \rightarrow \{\Phi_1,\ldots,\Phi_n\}$ gibt, so daß für alle $(y|x) \in Y \times X$ und für alle i mit $\Phi_i(y|x) \neq 0$ gilt:
$\Phi_i^{y,x} = \rho(\Phi_i,y,x)$.
Man zeige: man kann ρ unabhängig von y wählen.
(Bemerkung: Diese Aussage beinhaltet, daß genau die determinierten Operatoren in determinierten Automaten realisiert werden.)

4.1.4. Eine Rekursionsformel für finit-realisierbare Operatoren

Aus dem Korollar zu Satz 2 entnimmt man: wenn ein unbestimmter Operator ϕ über $Y \times X$ von einem SA mit n Zuständen realisiert wird, dann sind alle Werte von ϕ bereits durch die Werte $\phi(v|u)$ für alle $(v|u) \in (Y \times X)^*$ mit $l(u) = l(v) \leq 2n - 1$ eindeutig bestimmt. Es existiert also ein Verfahren, um aus diesen Werten alle beliebigen Werte von ϕ zu berechnen. Ein solches Verfahren wurde in $[10]$ angegeben. Es sei ϕ ein unbestimmter Operator über $Y \times X$ und $(v_1,u_1),\ldots,(v_m,u_m),(v_1',u_1'),\ldots,(v_m',u_m')$ seien 2m Elemente aus $(Y \times X)^*$ (mit $m \geq 1$). Man bilde hieraus die (m,m)-Matrix $M = \big(\phi(v_i v_j'|u_i u_j')\big)_{i,j=1,\ldots,m}$. Hierzu definieren wir:

Definition 38: ϕ heißt vom Rang r, wenn jede auf diese Weise gebildete Matrix M höchstens den Rang r besitzt, aber mindestens eine solche Matrix vom Rang r ist (eventuell ist $r = \infty$).

Jeder finit-realisierbare Operator ist von endlichem Rang, denn es gilt:

Hilfssatz 39: Wird Φ von einem ESA mit n Zuständen realisiert, dann ist Φ höchstens vom Rang n.

Beweis: Es sei $A = (X,Y,Z;p)$ ein ESA mit n Zuständen, π
sei eine Zustandsverteilung, und es gelte $\Phi = \eta^\pi$. Es
sei q der Rang der Matrix H_A (siehe 2.1.5.). Zu Φ und
$(v_1,u_1),\ldots,(v_m,u_m),(v_1',u_1'),\ldots,(v_m',u_m') \in (Y \times X)^*$ mit
$m \geq q+1$ bilde man die oben angegebene Matrix M. Dann
sind je (q+1) Ergebnisvektoren linear abhängig, d.h.
es gilt:
$$\sum_{j=1}^{q+1} \alpha_j\, \eta(v_j'|u_j') = 0.$$ Dann folgt für alle $i=1,\ldots,m$:

$$\sum_{j=1}^{q+1} \alpha_j \Phi(v_i v_j'|u_i u_j') = \sum_{j=1}^{q+1} \alpha_j \pi\cdot\eta(v_i v_j'|u_i u_j')$$

$$= \sum_{j=1}^{q+1} \alpha_j \pi\cdot P(v_i|u_i)\cdot\eta(v_j'|u_j') = 0,$$

also sind je q+1 Spalten von M linear abhängig, d.h.
Φ ist höchstens vom Rang q. Da $q \leq n$ ist (siehe 2.1.5.),
so folgt hieraus Hilfssatz 39.

Bemerkung: Die Umkehrung von Hilfssatz 39 gilt nicht, wie
in [17] und [24] gezeigt wurde.

Es sei Φ ein Operator, der von einem ESA mit n Zuständen
realisiert wird. Dann gibt es ein $q \leq n$, so daß Φ vom Rang
q ist, und es gibt $(v_1,u_1),\ldots,(v_q,u_q),(v_1',u_1'),\ldots,(v_q',u_q')$
$\in (Y \times X)^*$, so daß die Matrix $M = \left(\Phi(v_i v_j'|u_i u_j')\right)_{i,j=1,\ldots,q}$
den Rang q besitzt, also nicht singulär ist. Weiterhin
kann man die v_i,u_i,v_j',u_j' so wählen, daß ihre Länge höchstens
gleich n-1 ist und daß $u_1 = u_1' = v_1 = v_1' = e$ ist (siehe
Beweis zu Hilfssatz 39 und berücksichtige die Eigenschaften
der Matrix H_A). Weiterhin setze man für $(\tilde{v}|\tilde{u}) \in (Y \times X)^*$:
$M(\tilde{v}|\tilde{u}) = \left(\Phi(v_i \tilde{v} v_j'|u_i \tilde{u} u_j')\right)_{i,j=1,\ldots,q}$. Die Elemente von
$M(\tilde{v}|\tilde{u})$ kann man folgendermaßen aus den Matrizen $M(y|x)$ und
M berechnen: Für $(v|u),(v'|u')\in(Y\times X)^*$ bilde man die Matrix

$$\begin{pmatrix} M & \begin{array}{c} \Phi(v_1 v'|u_1 u') \\ \vdots \\ \Phi(v_q v'|u_q u') \end{array} \\ \hline \Phi(v v_1'|u u_1') \ldots \Phi(v v_q'|u u_q') & \Phi(v v'|u u') \end{pmatrix}$$

Da Φ vom Rang q ist, so ist die Determinante dieser Matrix Null und die Entwicklung nach der letzten Spalte ergibt:

$$\Phi(vv'|uu') = \sum_{j=1}^{q} t_j(v|u) \cdot \Phi(v_j v'|u_j u')$$

mit geeigneten $t_j(v|u)$, die ausschließlich von M und den Werten $\Phi(vv_1'|uu_1'),\ldots,\Phi(vv_q'|uu_q')$ abhängig sind. Ersetzt man in dieser Gleichung u durch $u_i u$, v durch $v_i v$, u' durch $u'u_k'$ und v' durch $v'v_k'$, so erhält man:

$$\Phi(v_i vv'v_k'|u_i uu'u_k') = \sum_{j=1}^{q} t_j(v_i v|u_i u) \cdot \Phi(v_j v'v_k'|u_j u'u_k')$$

oder in Matrizenschreibweise:

M(vv'|uu') = T(v|u)·M(v'|u'), wobei

$T(v|u) = \left(t_j(v_i v|u_i u)\right)_{i,j=1,\ldots,q}$ ist.

Da M(e|e) = M ist, so ist M(v'|u') = T(v'|u')·M.
Daher gelten folgende Formeln:
i) $T(y|x) = M(y|x) \cdot M^{-1}$,
ii) M(yv|xu) = T(y|x)·M(v|u),
für alle $(y|x) \in Y \times X$ und alle $(v|u) \in (Y \times X)^*$. Da der gesuchte Wert $\Phi(v|u)$ nach Definition das (1,1)-te Element der Matrix M(v|u) ist, so kann man zu ihrer Berechnung zunächst ein M mit Hilfe von Wörtern $(v_i v_j'|u_i u_j')$ mit $1(v_i v_j') = 1(u_i u_j') \leqq 2n-2$ erstellen, sodann alle Matrizen M(y|x) hieraus berechnen, nach i) die Matrizen T(y|x) bilden und rekursiv nach ii) die Matrix M(v|u) aus T(y|x) und M(e|e) = M ermitteln.

Damit haben wir eine Rekursionsformel angegeben, um die Werte von Φ aus den Werten $\Phi(\tilde{v}|\tilde{u})$ mit $1(\tilde{v}) = 1(\tilde{u}) \leqq 2n-1$ zu berechnen.

<u>Aufgaben:</u>

i) Man zeige: Es gibt finit-realisierbare Operatoren Φ vom Rang q, die von keinem ESA mit q Zuständen realisiert werden können.

ii) Man beweise: Wird Φ von einem starkreduzierten ESA (mit n Zuständen) realisiert, dann ist Φ vom Rang n. Gilt diese Aussage allgemein für minimale ESA?

4.2. Stochastische Ereignisse

4.2.1. Definition

Zadeh führte in [74] den Begriff der "fuzzy sets" (unbestimmte Ereignisse) ein. Eine "fuzzy set" ist eine Menge von Objekten, deren Zugehörigkeit zu der Menge nicht genau definiert ist, sondern nur durch eine Zahl zwischen 0 und 1 angegeben wird. Als Beispiel betrachte man die Menge aller Fragen, die man mit "ja" oder "nein" beantworten kann. Im allgemeinen kennt man die Antwort nicht, sondern ordnet der Frage nur eine Zahl zwischen 0 und 1 zu, mit der man auszudrücken sucht, wie wahrscheinlich die Antwort "ja" auf die Frage nach eigener Schätzung sein könnte. Die Menge der Fragen zusammen mit den "subjektiven Wahrscheinlichkeiten" bildet dann eine "fuzzy set".

Im gleichen Jahr wurde von Thiele [62] dieselbe Definition als Verallgemeinerung regulärer Sprachen vorgeschlagen.

Definition 39: Es sei X eine endliche, nichtleere Menge. Ein unbestimmtes Ereignis über X ist eine Abbildung von X^* in das reelle Intervall $[0,1]$. (Wir bezeichnen mit U_X die Menge aller unbestimmten Ereignisse über X.)

Es sei $B = (X,Z,\{P(x) \mid x \in X\}, \pi, f)$ ein stochastischer Akzeptor (SAkz), dann ist die durch $\phi(u) = \pi \cdot P(u) \cdot f$ für alle $u \in X^*$ definierte Abbildung ein unbestimmtes Ereignis. Wir definieren daher:

Definition 40: Ein unbestimmtes Ereignis $\phi: X^* \to [0,1]$ heißt stochastisch, wenn es einen SAkz B gibt, so daß für alle $u \in X^*$ gilt: $\phi(u) = \pi \cdot P(u) \cdot f$. (Wir bezeichnen mit S_X die Menge aller stochastischen Ereignisse über X.) Ist zusätzlich B determiniert und ist die Anfangsverteilung π ein Zustand, dann heißt ϕ ein reguläres Ereignis.

Je zwei unbestimmten Ereignissen ϕ und ψ über X kann man folgende Sprachen zuordnen:

$$L_{\phi>\psi} := \{u \in X^* \mid \phi(u) > \psi(u)\} \, ,$$
$$L_{\phi<\psi} := \{u \in X^* \mid \phi(u) < \psi(u)\} \, ,$$
$$L_{\phi=\psi} := \{u \in X^* \mid \phi(u) = \psi(u)\} \text{ und analog } L_{\phi\neq\psi}.$$

Wir werden im folgenden zeigen, daß für $\phi,\psi \in S_X$ drei der
so definierten Mengen stochastische Sprachen sind.

<u>Aufgaben</u>:

i) Satz 26 und Hilfssatz 37 gelten analog für unbestimmte
   Ereignisse. Man zeige: Zu jedem $\phi \in U_X$ existiert ein
   (im allgemeinen unendlich großer) Akzeptor mit
   $\phi(u) = \pi \cdot P(u) \cdot f$ für alle $u \in X^*$. Weiterhin gibt es unbestimmte Ereignisse, die nicht stochastisch sind, d.h.
   $S_X \subsetneq U_X$. (Hinweis: man verwende Hilfssatz 25; siehe
   Bemerkungen im Anschluß an Hilfssatz 37.)

ii) Man definiere auf U_X zwei Operationen $\vee$ und $\wedge$, indem
    man für alle $\phi,\psi \in U_X$ setzt:
    $(\phi \vee \psi)(u) = \text{Max}(\phi(u),\psi(u)),$
    $(\phi \wedge \psi)(u) = \text{Min}(\phi(u),\psi(u)).$
    Man zeige, daß U_X bezüglich dieser Operationen einen
    distributiven Verband mit Null- und Einselement bildet.

<u>Bemerkung</u>: Unbestimmte Ereignisse stellen eine Verallge-
meinerung der mengentheoretischen Betrachtungsweise dar.
Denn wenn $L \subseteq X^*$ eine Teilmenge ist, dann ist die charak-
teristische Funktion

$$\chi_L(u) = \begin{cases} 1 & \text{falls } u \in L \\ 0 & \text{falls } u \notin L \end{cases}$$

ein unbestimmtes Ereignis, und die Teilmenge aller charak-
teristischen Funktionen von U_X bildet einen Booleschen Verband, wobei für $\phi \in U_X$ das Ereignis $1-\phi$ das Komplement von
ϕ ist (siehe Definition 41) und die Vereinigung und der
Durchschnitt wie in Aufgabe ii) oben definiert sind. Man
beachte, daß U_X kein Boolescher Verband ist.

4.2.2. Abschlußeigenschaften von S_X

Wir geben nun einige Operationen an, mit deren Hilfe man
aus stochastischen Ereignissen wieder stochastische Ereig-

nisse erhalten kann.

Definition 41:

i) Es sei $\phi \in U_X$, dann heißt $\bar{\phi} \in U_X$ mit $\bar{\phi}(u) = 1-\phi(u)$
für alle $u \in X^*$ das Komplement von ϕ.

ii) Es seien $\phi_1,\ldots,\phi_m \in U_X$ und $\alpha_1,\ldots,\alpha_m \in [0,1]$ reelle

Zahlen mit $\sum\limits_{i=1}^{m} \alpha_i = 1$, dann heißt $\phi = \sum\limits_{i=1}^{m} \alpha_i \phi_i \in U_X$

eine Linearkombination der $\phi_1,\ldots,\phi_m$.

iii) Es seien $\phi,\psi,\tau \in U_X$, dann heißt
$(\phi,\psi;\tau) := \phi\cdot\tau + \psi\cdot\bar{\tau} \in U_X$ die Konvexkombination von
ϕ und ψ mit τ.

iv) Es seien $\phi,\psi \in U_X$, dann heißt $\sigma = \phi\cdot\psi$ mit
$\sigma(u) = \phi(u)\cdot\psi(u)$ für alle $u \in X^*$ das Produkt von
ϕ und ψ.

Die konstanten unbestimmten Ereignisse sind stets stochastisch, d.h. es gilt:

Hilfssatz 40: Sei λ eine reelle Zahl zwischen 0 und 1.
$\underline{\lambda} \in U_X$ sei das konstante Ereignis: $\underline{\lambda}(u) = \lambda$ für alle
$u \in X^*$. Dann gilt: $\underline{\lambda} \in S_X$.

Beweis: Es sei $B = (X,\{z_1,z_2\},\{P(x)|x \in X\},\pi,f)$ der durch

$$\pi = (1-\lambda,\lambda) \;,\; f = \begin{pmatrix} 0 \\ 1 \end{pmatrix} \quad \text{und} \quad P(x) = \begin{pmatrix} 1 & 0 \\ 0 & 1 \end{pmatrix} \quad \text{für alle}$$

$x \in X$ definierte SAkz. Dann gilt: $\pi\cdot P(u)\cdot f = \lambda$ für alle
$u \in X^*$, d.h. $\underline{\lambda} \in S_X$.

Wir werden nun von den in Definition 41 angegebenen Operatoren zeigen, daß sie nicht aus S_X hinausführen.

Hilfssatz 41: Wenn $\phi \in S_X$ ist, dann gilt auch: $\bar{\phi} \in S_X$.

Beweis: Es sei B ein SAkz mit $\phi(u) = \pi\cdot P(u)\cdot f$. Dann gilt:
$\bar{\phi}(u) = \pi\cdot P(u)\cdot(\mathcal{N}-f) \in S_X$.

Hilfssatz 42: Seien $\phi_1,\ldots,\phi_m \in S_X$, dann ist jede Linearkombination ein stochastisches Ereignis.

Beweis: ϕ_i werde von dem SAkz $B_i = (X,Z_i,\{P_i(x)|x \in X\},\pi_i,f_i)$

realisiert (i=1,...,m). O.B.d.A seien alle Zustandsmengen $Z_1,...,Z_m$ paarweise disjunkt. Man setze

$$Z = \bigcup_{i=1}^{m} Z_i \; , \quad \pi = (\alpha_1\pi_1, \alpha_2\pi_2,...,\alpha_m\pi_m),$$

$$P(x) = \begin{pmatrix} P_1(x) & & & \\ & \ddots & & 0 \\ 0 & & \ddots & \\ & & & P_m(x) \end{pmatrix} \text{ für } x \in X \text{ und } f = \begin{pmatrix} f_1 \\ \vdots \\ \vdots \\ f_m \end{pmatrix},$$

wobei α_i nichtnegative Zahlen mit $\sum\limits_{i=1}^{m} \alpha_i = 1$ seien.

Es gilt: $\pi \cdot P(u) \cdot f = \alpha_1\pi_1 \cdot P_1(u) \cdot f_1 + ... + \alpha_m\pi_m \cdot P_m(u) \cdot f_m$

$$= \sum_{i=1}^{m} \alpha_i \phi_i(u).$$

Also ist die Linearkombination $\sum\limits_{i=1}^{m} \alpha_i\phi_i \in S_X$.

<u>Korollar</u>: Sei $\phi \in S_X$ und $0 \leq \alpha \leq 1$, dann ist $\alpha\phi \in S_X$.

Beweis: Es ist $\alpha\phi = \alpha\phi + (1-\alpha)\underline{0} \in S_X$ nach Hilfssatz 42,
   da $\underline{0}$ nach Hilfssatz 40 in S_X liegt.

Bei determinierten Akzeptoren läßt sich der Durchschnitt
regulärer Sprachen (regulärer Ereignisse) darstellen, indem man das kartesische Produkt der Zustandsmengen betrachtet und die Überführungsfunktion komponentenweise definiert.
Dieser Konstruktion entspricht bei stochastischen Akzeptoren das Kroneckerprodukt der entsprechenden Überführungsmatrizen.

<u>Definition 42</u>: Es seien $M = \left(m_{hi}\right)_{\substack{h=1,...,q \\ i=1,...,r}}$ und

$M' = \left(m'_{jk}\right)_{\substack{j=1,...,s \\ k=1,...,t}}$ eine (q,r)- und (s,t)-Matrix.

Dann heißt die (qs,rt)-Matrix
$\tilde{M} = \left(\tilde{m}_{hj,ik}\right)_{\substack{hj=11,12,...,1s,21,...,qs \\ ik=11,12,...,1t,21,...,rt}}$

mit $\tilde{m}_{hj,ik} = m_{hi} \cdot m'_{jk}$ das Kroneckerprodukt von M und
M', wobei die Doppelindizes $11,12,...,21,22,...$ in
lexikographischer Reihenfolge angeordnet seien.

Bezeichnung: Die in Definition 42 angegebene Matrix $\tilde{M}$ bezeichnen wir im folgenden mit $M \times M'$.

Die Menge der Matrizen mit Elementen aus einem Körper bilden bezüglich der gewöhnlichen Multiplikation und des Kroneckerproduktes eine (nicht freie) X-Kategorie ($[30]$). Daher gilt:

Hilfssatz 43:

   i) Das Kroneckerprodukt ist assoziativ, d.h. es gilt
      stets $M_1 \times (M_2 \times M_3) = (M_1 \times M_2) \times M_3$.
   ii) Es seien M eine (q,r)-, M' eine (s,t)-, N eine (r,a)-
      und N' eine (t,b)-Matrix, dann gilt:
      $(M \times M') \cdot (N \times N') = (M \cdot N) \times (M' \cdot N')$.

Bemerkung: Bekanntlich gilt Hilfssatz 43 allgemein für Tensorprodukte linearer Abbildungen von Vektorräumen. Das Kroneckerprodukt ist ein spezielles Tensorprodukt.

Das Kroneckerprodukt $M \times M'$ läßt sich in der Form

$$M \times M' = \begin{pmatrix} m_{11}M' & m_{12}M' & \cdots\cdots & m_{1r}M' \\ \vdots & \vdots & & \vdots \\ m_{q1}M' & m_{q2}M' & \cdots\cdots & m_{qr}M' \end{pmatrix}$$

darstellen. Aus dieser Darstellung folgt sofort:

Hilfssatz 44: Es seien M und M' stochastische Matrizen, dann ist $M \times M'$ eine stochastische Matrix.

Es seien nun $B_i = (X, Z_i, \{P_i(x) \mid x \in X\}, \pi_i f_i)$ für i=1,2 zwei SAkz. Dann sei $B = (X, Z, \{P(x) \mid x \in X\}, \pi, f)$ mit $Z = Z_1 \times Z_2$, $P(x) = P_1(x) \times P_2(x)$ für $x \in X$, $\pi = \pi_1 \times \pi_2$ und $f = f_1 \times f_2$ das kartesische Produkt von B_1 und B_2. Nach Hilfssatz 44 ist B wieder ein SAkz. Es gilt für $u = x_1 \ldots x_m \in X^*$:

$$\pi \cdot P(u) \cdot f = (\pi_1 \times \pi_2) \cdot (P_1(x_1) \times P_2(x_1)) \cdot \ldots \cdot (P_1(x_m) \times P_2(x_m))$$
$$\cdot (f_1 \times f_2)$$
$$= (\pi_1 \cdot P_1(x_1) \times \pi_2 \cdot P_2(x_1)) \cdot (P_1(x_2) \times P_2(x_2)) \cdot \ldots$$
$$\cdot (P_1(x_m) \times P_2(x_m)) \cdot (f_1 \times f_2)$$

(nach Hilfssatz 43)

$$= \dots = \left(\pi_1 \cdot P_1(x_1) \cdot \dots \cdot P_1(x_m) \cdot f_1\right) \times \left(\pi_2 \cdot P_2(x_1) \cdot \dots \cdot P_2(x_m) \cdot f_2\right)$$

$$= \left(\pi_1 \cdot P_1(u) \cdot f_1\right) \times \left(\pi_2 \cdot P_2(u) \cdot f_2\right)$$

$$= \left(\pi_1 \cdot P_1(u) \cdot f_1\right) \cdot \left(\pi_2 \cdot P_2(u) \cdot f_2\right) = \phi_1(u) \cdot \phi_2(u) \quad ,$$

da für $(1,1)$-Matrizen das Kroneckerprodukt und die Multiplikation zusammenfallen. Hiermit haben wir gezeigt:

<u>Hilfssatz 45</u>: Es seien $\phi, \psi \in S_X$, dann ist $\phi \cdot \psi \in S_X$.

Mit einer analogen Konstruktion erhält man:

<u>Hilfssatz 46</u>: Wenn $\phi, \psi, \tau \in S_X$ sind, dann ist auch
$(\phi, \psi; \tau) \in S_X$.

Beweis: Es seien B_ϕ, B_ψ und B_τ die SAkz, die ϕ, ψ und τ realisieren. Man setze $B = (X, Z, \{P(x) \mid x \in X\}, \pi, f)$ mit $Z = Z_\phi \times Z_\psi \times Z_\tau$, $P(x) = P_\phi(x) \times P_\psi(x) \times P_\tau(x)$ für alle $x \in X$, $\pi = \pi_\phi \times \pi_\psi \times \pi_\tau$ und die Endzustandsmenge F sei definiert durch $F = F_1 \cup F_2$, wobei $F_1 = F_\phi \times Z_\psi \times F_\tau$ und $F_2 = Z_\phi \times F_\psi \times (Z_\tau - F_\tau)$ sind. Zu F, F_1 und F_2 mögen die Vektoren f, f_1 und f_2 gehören. Dann gilt (wie im Beweis zu Hilfssatz 45):

$$\pi \cdot P(u) \cdot f_1 = \left(\pi_\phi \cdot P_\phi(u) \cdot f_\phi\right) \cdot \left(\pi_\psi \cdot P_\psi(u) \cdot \mathbf{1}\right) \cdot \left(\pi_\tau \cdot P_\tau(u) \cdot f_\tau\right)$$

$$= \phi(u) \cdot \tau(u) \ , \ \text{da} \ \pi_\psi \cdot P_\psi(u) \cdot \mathbf{1} = 1 \ \text{ist} \ , \ \text{und}$$

$$\pi \cdot P(u) \cdot f_2 = \psi(u) \cdot \left(1 - \tau(u)\right) \ , \ \text{wie man analog zeigt.}$$

Da $F_1 \cap F_2 = \emptyset$ ist, so ist $f = f_1 + f_2$, und es folgt:

$$\pi \cdot P(u) \cdot f = \pi \cdot P(u) \cdot f_1 + \pi \cdot P(u) \cdot f_2$$

$$= \phi(u) \cdot \tau(u) + \psi(u) \cdot \left(1 - \tau(u)\right).$$

Also ist $\phi \cdot \tau + \psi(1 - \tau) = (\phi, \psi; \tau) \in S_X$.

Man kann weitere Operationen in U_X betrachten. Z.B. wurde in [37] gezeigt, daß zu einem unbestimmten Ereignis ϕ das gespiegelte Ereignis $sp(\phi)$ mit $sp(\phi)(u) := \phi(sp(u))$ für alle $u \in X^*$ stochastisch ist, falls dies für ϕ gilt. Diese Aussage ist eine Verschärfung von Satz 23 i). Weitere Operationen, bezüglich derer S_X nicht abgeschlossen ist, finden sich in [69] in § III.8. Dort wird das zu den unbe-

stimmten Operatoren analoge Kriterium von Küstner ($[34]$)
angegeben, wann ein unbestimmtes Ereignis stochastisch ist.

Aufgaben:

i) Man beweise Hilfssatz 43.

ii) Man zeige: wenn $\phi,\psi \in S_X$ sind, dann gilt:

   a) $\frac{1}{2} + \frac{1}{2}(\phi - \psi) \in S_X$

   b) $\frac{1}{2} + \left(\frac{1}{2}\phi - \frac{1}{2}\psi\right)^2 \in S_X$

iii) Es sei $\phi \vee \psi$ wie in Aufgabe ii) in 4.2.1. definiert.
Man zeige: wenn $\phi,\psi \in S_X$ sind, dann ist im allgemeinen
$\phi \vee \psi$ kein stochastisches Ereignis. (Hinweis: man verwende Satz 23.)

4.2.3. Beziehungen zu stochastischen Sprachen

In 4.2.1. wurden die Sprachen $L_{\phi>\psi}$, $L_{\phi<\psi}$, $L_{\phi=\psi}$ und $L_{\phi\neq\psi}$
definiert. Setzt man für ψ das konstante Ereignis $\underline{\lambda} \in S_X$
(siehe Hilfssatz 40), dann stellt $L_{\phi>\lambda}$ für $\phi \in S_X$ die
Definition der stochastischen Sprachen dar. Die Verallgemeinerung auf $L_{\phi>\psi}$ führt jedoch nicht zu einer neuen Sprach-
klasse, wie folgender Satz zeigt.

Satz 27: Es seien $\phi,\psi \in S_X$, dann sind $L_{\phi>\psi}$, $L_{\phi<\psi}$ und $L_{\phi\neq\psi}$
stochastische Sprachen. Können ϕ und ψ darüberhinaus
von einem rationalen SAkz (siehe 3.4.8.) realisiert werden, dann ist $L_{\phi=\psi}$ eine stochastische Sprache.

Beweis: Für eine reelle Zahl λ mit $\frac{1}{2} \leq \lambda < 1$ ist
$\tau = (1-\lambda)\cdot\phi + (1-\lambda)\cdot\overline{\psi} + (2\lambda-1)\cdot\underline{1}$ nach Hilfssatz 40, 41
und 42 ein stochastisches Ereignis, da
$(1-\lambda) + (1-\lambda) + (2\lambda-1) = 1$ ist. Wegen $\overline{\psi} = 1-\psi$ kann man
τ in der Form $\tau(u) = \lambda + (1-\lambda)\cdot\left(\phi(u) - \psi(u)\right)$ für alle $u \in X^{*}$
schreiben. Es gilt: $\tau(u) > \lambda \Longleftrightarrow \phi(u) > \psi(u)$, d.h.:
für einen SAkz B, der τ realisiert, gilt $L(B,\lambda) = L_{\phi>\psi}$.
Also ist $L_{\phi>\psi}$ eine stochastische Sprache.
Vertauscht man ϕ und ψ, so folgt aus dem Bewiesenen:
$L_{\phi<\psi}$ ist eine stochastische Sprache.

Nach Hilfssatz 45 gilt: ϕ^2, ψ^2, $\phi \cdot \psi \in S_X$. Weiterhin ist nach Hilfssatz 41: $(1-\phi \cdot \psi) \in S_X$, und aus Hilfssatz 42 folgt daher: $\frac{1}{2}\phi^2 + \frac{1}{2}\psi^2 \in S_X$ und

$\frac{1}{2} \cdot \left(\frac{1}{2}\phi^2 + \frac{1}{2}\psi^2\right) + \frac{1}{2}(1-\phi \cdot \psi) =: \sigma \in S_X$. Eine einfache Umformung ergibt: $\sigma(u) = \frac{1}{2} + \frac{1}{4}(\phi(u)-\psi(u))^2$ für alle $u \in X^*$.

Es folgt: $\sigma(u) > \frac{1}{2} \iff \phi(u) \neq \psi(u)$.

Daher ist $L(B,\frac{1}{2}) = L_{\phi \neq \psi}$, wenn B ein SAkz ist, der σ realisiert. Also ist auch $L_{\phi \neq \psi}$ stochastisch.

Wenn ϕ und ψ von einem rationalen SAkz realisiert werden, so gilt dieses auch für σ, und $L_{\phi \neq \psi}$ ist dann eine rationale stochastische Sprache. Nach Hilfssatz 33 ist deshalb auch $\text{Com}\left(L_{\phi \neq \psi}\right) = L_{\phi = \psi}$ eine stochastische Sprache.

Ob $L_{\phi = \psi}$ stets eine stochastische Sprache ist, ist unseres Wissens nach noch ungelöst.

Jede stochastische Sprache kann man in der Form $L_{\phi > \psi}$ schreiben. Es ist aber im allgemeinen nicht möglich, zu einer stochastischen Sprache L zwei Ereignisse $\phi, \psi \in S_X$ mit $L = L_{\phi \neq \psi}$ oder $L = L_{\phi = \psi}$ zu finden (siehe Aufgabe i) unten).

Satz 27 ist sehr nützlich, um von einigen Sprachen nachzuweisen, daß sie stochastisch sind. Wir betrachten:

<u>Beispiel 13</u>: Es sei $X = \{1,\ldots,m-1\}$, $m \geq 2$. Für $u \in X^*$, $u = x_1 \ldots x_r$, sei $0.u$ die m-adische Darstellung der Zahl $\dfrac{x_1 \ldots x_r}{m^r}$. Im Beweis von Hilfssatz 27 (in 3.1.3.) wird gezeigt, daß $\phi(u) = 0.\text{sp}(u)$ (für alle $u \in X^*$) ein stochastisches Ereignis ist. Aus Aufgabe iii) in 3.1.3. folgt: ψ mit $\psi(u) = 0.u$ ist ein stochastisches Ereignis. Da weiterhin ϕ und ψ von rationalen SAkz realisiert werden, so gilt nach Satz 27: $L_{\phi = \psi} = \{u \in X^* | u = \text{sp}(u)\}$ ist eine stochastische Sprache.

<u>Beispiel 14</u>: Es sei $B = (\{x_1,x_2\},\{z_1,z_2\},\{P(x_1),P(x_2)\},$
$$(1,0),\tbinom{1}{0}))$$

mit $P(x_1) = \begin{pmatrix} \frac{1}{2} & \frac{1}{2} \\ 0 & 1 \end{pmatrix}$ und $P(x_2) = \begin{pmatrix} 1 & 0 \\ 0 & 1 \end{pmatrix}$. Da $P(x_2)$

die Einheitsmatrix ist, so folgt: das Ereignis ϕ mit
$\phi(u) = \left(\frac{1}{2}\right)^m$, falls x_1 genau m-mal in u vorkommt, ist
stochastisch. Indem man die Matrizen für x_1 und x_2 ver-
tauscht, erhält man: das Ereignis ψ mit $\psi(u) = \left(\frac{1}{2}\right)^n$,
falls x_2 genau n-mal in u vorkommt, ist stochastisch.
Nach Satz 27 ist $L_{\phi=\psi} = \{u \in \{x_1,x_2\}^* |$ in u kommen x_1
$\qquad\qquad\qquad$ und x_2 gleich oft vor$\}$
stochastisch. Nach Satz 23 ii) ist dann auch
$L_{\phi=\psi} \cap \{x_1\}^* \cdot \{x_2\}^* = \{x_1^n x_2^n | n \geq 0\}$ eine stochastische
Sprache. Ebenso sind
$L_{\phi>\psi} \cap \{x_1\}^* \cdot \{x_2\}^* = \{x_1^m x_2^n | 0 \leq m < n\}$ und
$L_{\phi<\psi} \cap \{x_1\}^* \cdot \{x_2\}^* = \{x_1^m x_2^n | m > n \geq 0\}$ stochastische
Sprachen.

<u>Aufgaben</u>

i) Man zeige ($[38]$): Zu der in Beispiel 14 angegebenen sto-
chastischen Sprache $L = \{x_1^m x_2^n | m < n\}$ gibt es keine sto-
chastischen Ereignisse ϕ und ψ mit $L = L_{\phi=\psi}$. (Hinweis:
man verwende für $\tau = \frac{1}{2} + \frac{1}{2}(\phi-\psi)$ eine Rekursionsformel,
wie sie analog in Aufgabe iii) in 3.4.7. angegeben wurde.)
ii) Man verwende die in Beispiel 14 angegebene Idee, um zu
zeigen, daß $\{x_1^n x_2^n x_3^n | n \geq 0\}$ eine stochastische Sprache
ist (vergleiche Aufgabe i) in 3.4.7.).

4.2.4. Entscheidbarkeit

Ein Problem heißt im intuitiven Sinn entscheidbar, wenn es
einen Algorithmus gibt, mit dessen Hilfe man nach endlich
vielen Schritten das Problem lösen kann. Eine ausführliche
Klärung dieses Begriffs findet man z.B. in $[30]$.
Das wohl bekannteste nicht-entscheidbare Problem stammt von

Post. Er betrachtete ein endliches Alphabet X und eine endliche Teilmenge $Y = \{(w_1,v_1),\ldots,(w_r,v_r)\} \subset (X^*\!-\{e\})\times(X^*\!-\{e\})$. Y heißt kombinierbar, wenn es eine Folge von Indizes $i_1,i_2,\ldots,i_m$ so gibt, daß $w_{i_1}\ldots w_{i_m} = v_{i_1}\ldots v_{i_m}$ gilt. Man kann zeigen: wenn X mindestens zwei Elemente enthält, dann gibt es keinen Algorithmus, der zu jeder beliebigen endlichen Menge $Y \subset (X^*\!-\{e\})\times(X^*\!-\{e\})$ nach endlich vielen Schritten die Entscheidung liefert, ob Y kombinierbar ist oder nicht.

Dieses sog. Postsche Korrespondenzproblem wollen wir verwenden, um folgenden Satz zu beweisen.

<u>Satz 28</u>: Es gibt keinen Algorithmus, mit dessen Hilfe man zu jedem rationalen SAkz B und jedem rationalen Schnittpunkt λ in endlich vielen Schritten entscheiden kann, ob $L(B,\lambda) = \emptyset$, bzw. ob $L(B,\lambda) = Q^*$ ist, wobei Q das Alphabet von B ist.

Beweis: Es sei $X = \{1,2\}$. Weiter sei $Y \subset (X^*\!-\{e\})\times(X^*\!-\{e\})$ eine endliche Teilmenge, $Y = \{(w_1,v_1),\ldots,(w_r,v_r)\}$.
Man definiere eine Menge $Q = \{\xi_1,\xi_2,\ldots,\xi_r\}$ von r Elementen. Es seien $h,h' : Q^* \to X^*$ zwei Homomorphismen, die durch $h(\xi_i) = w_i$ und $h'(\xi_i) = v_i$ für $i=1,\ldots,r$ eindeutig bestimmt sind.
Wir behaupten: das unbestimmte Ereignis ϕ über Q mit $\phi(u) = 0.sp(h(u))$ (in triadischer Darstellung) ist stochastisch. Um dies zu beweisen, betrachte man den SAkz $B = (Q,\{z_1,z_2\},\{P(\xi_1),\ldots,P(\xi_r)\},(1,0),\binom{0}{1})$, wobei

$$P(\xi_i) = \begin{pmatrix} 1 - \dfrac{sp(w_i)}{3^t} & \dfrac{sp(w_i)}{3^t} \\[2ex] 1 - \dfrac{sp(w_i)+1}{3^t} & \dfrac{sp(w_i)+1}{3^t} \end{pmatrix}$$

für $\xi_i \in Q$ mit $h(\xi_i) = w_i$ und $l(w_i) = t$ ist.(Man beachte: $sp(w_i)/3^t$ ist die Zahl $0.sp(w_i)$ in triadischer Darstellung.) Wie im Beweis zu Hilfssatz 27 (3.1.3.) zeigt man leicht: für $u \in Q^*$ gilt: $P(u)$ besitzt die Form

$$\left(\begin{array}{cc} 1 - 0.\mathrm{sp}(h(u)) & 0.\mathrm{sp}(h(u)) \\[2mm] * & * \end{array} \right)$$ wobei $*$ für Zahlen

steht, die im folgenden nicht interessieren. Es folgt:
$\phi(u) = 0.\mathrm{sp}(h(u)) = (1,0)\cdot P(u)\cdot\binom{0}{1}$, d.h. ϕ ist ein
stochastisches Ereignis.

Analog zeigt man: das Ereignis ψ über Q mit $\psi(u) =$
$0.\mathrm{sp}(h'(u))$ ist stochastisch. Da ϕ und ψ von rationalen
SAkz realisiert werden, so sind die Sprachen $L_{\phi=\psi}$ und
$L_{\phi\neq\psi}$ stochastisch. Wegen $\Big(\phi(u) = \psi(u) \Longleftrightarrow h(u) = h'(u)$
$\Longleftrightarrow$ Y ist kombinierbar (für $u \neq e$)$\Big)$ ist $L_{\phi=\psi} = \{e\}$
genau dann, wenn Y nicht kombinierbar ist, und dies ist
genau dann der Fall, wenn $L_{\phi\neq\psi} = Q^*-\{e\}$ ist. Da das Hin-
zufügen oder das Entfernen des leeren Wortes wieder eine
stochastische Sprache liefert, so gibt es stochastische
Sprachen L und L' (effektiv aus Y konstruierbar!) mit
$L = \emptyset \Longleftrightarrow L' = Q^* \Longleftrightarrow$ Y ist nicht kombinierbar.
Aus dieser Äquivalenz folgt (wegen der Nicht-Entscheid-
barkeit der Kombinierbarkeit) Satz 28.

Wir haben etwas mehr bewiesen, als Satz 28 aussagt. Die
Nicht-Entscheidbarkeit bezieht sich nämlich bereits auf
alle die rationalen SAkz, die höchstens k Zustände besitzen,
wobei k eine feste Konstante ist. (k gibt die Anzahl der
Zustände eines SAkz $\tilde{B}$ an, für den $L(\tilde{B},\tilde{\lambda}) = L$, bzw. $= L'$
mit einem geeigneten $\tilde{\lambda}$ gilt; man beachte, daß man k unabhängig von Y wählen kann - im Gegensatz zum Alphabet von $\tilde{B}$.)
In $[3\mathcal{S}]$ wurde Satz 28 für alle SAkz über einem festen, mindestens zweielementigen Alphabet bewiesen, wobei nun aber
die Zustandszahl der SAkz nicht beschränkt ist.

Aufgabe: Man zeige: es gibt keinen Algorithmus, um zu jedem
beliebigen rationalen SAkz B und zu beliebigem rationalen
Schnittpunkt λ zu entscheiden, ob $L(B,\lambda)$ eine reguläre
Sprache ist. (Hinweis: man hänge hinter die Sprache L
(siehe Beweis von Satz 28) eine nicht-reguläre stochastische
Sprache.)

4.2.5. Bemerkungen

<u>Bemerkung 1</u>: Der Satz von Turakainen legt es nahe, reel-
wertige Abbildungen $\tau : X^* \to \mathbb{R}$ zu betrachten.

<u>Definition 43</u>: Eine reellwertige Abbildung τ heißt ver-
allgemeinertes Ereignis über X, wenn es einen VAkz C
(siehe Definition 32) gibt, so daß für alle $u \in X^*$
gilt: $\tau(u) = \pi \cdot M(u) \cdot f$.

Diese Ereignisse wurden von Carlyle und Paz in [13] untersucht und charakterisiert. Indem man einer reellwertigen
Abbildung τ und jeder endlichen Menge von Worten
$\{u_1,\dots,u_r,v_1,\dots,v_r\} \subset X^*$ eine Matrix $\left(\tau(u_i v_j)\right)_{\substack{i=1,\dots,r \\ j=1,\dots,r}}$
zuordnet, kann man wie in 4.1.4. τ einen Rang zuordnen,
nämlich das Maximum der Ränge der Matrizen, sofern es existiert. In [13] wurde gezeigt, daß die verallgemeinerten
Ereignisse genau die reellwertigen Abbildungen endlichen
Rangs sind (die analoge Aussage für stochastische Operatoren gilt nicht, siehe 4.1.4.).

<u>Bemerkung 2</u>: Page betrachtet in [45] VAkz $\tilde{C}$, deren Anfangs-
vektor und Überführungsmatrizen stochastisch sind, die jedoch einen beliebigen reellen Endvektor besitzen; die hierdurch definierten verallgemeinerten Ereignisse kann man
als "Auszahlungsfunktionen" deuten, z.B. bei einem Spiel-
automaten. In [45] wurden verschiedene Äquivalenzbegriffe
solcher Akzeptoren untersucht. Ein Zusammenhang mit VAkz
wurde in [13] hergestellt: wenn τ ein verallgemeinertes
Ereignis über X ist, dann gibt es ein Ereignis τ', das in
einem $\tilde{C}$ realisiert werden kann, und eine Konstante α mit:
$\tau(u) = \alpha^{1(u)} \cdot \tau'(u)$ für alle $u \in X^*$.
Weitere Aussagen über solche Akzeptoren findet man in [43].

<u>Bemerkung 3</u>: Salomaa betrachtete in [55] Abbildungen g von
X^* in die Menge der n-dimensionalen Zustandsverteilungen
$\mathcal{Z}_n$. Eine solche Abbildung g heißt von einem SAkz B realisiert, wenn $g(u) = \pi \cdot P(u)$ für alle $u \in X^*$ gilt. Salomaa

konnte folgende Charakterisierung zeigen: Eine Abbildung
$g : X^* \to \mathcal{Z}_n$ wird genau dann von einem SAkz realisiert,
wenn gilt:

i) für alle $u \in X^*$ und $x \in X$ gilt: wenn $g(u) = \sum_{i=1}^{j} \alpha_i g(u_i)$,

dann folgt: $g(ux) = \sum_{i=1}^{j} \alpha_i g(u_i x)$,

ii) wenn die Vektoren $g(u_1),\ldots,g(u_m)$ linear unabhängig
sind, dann gibt es zu jedem $x \in X$ n-dimensionale Zeilenvektoren $\pi_{m+1},\ldots,\pi_n$ und $\rho_{m+1},\ldots,\rho_n$, so daß die
Matrix

$$\begin{pmatrix} g(u_1) \\ \vdots \\ g(u_m) \\ \pi_{m+1} \\ \vdots \\ \pi_n \end{pmatrix}^{-1} \cdot \begin{pmatrix} g(u_1 x) \\ \vdots \\ g(u_m x) \\ \rho_{m+1} \\ \vdots \\ \rho_n \end{pmatrix} \quad \text{stochastisch ist.}$$

(Diese stochastische Matrix entspricht der Überführungsmatrix $P(x)$.)

<u>Aufgaben</u>:

i) Man beweise das Ergebnis in Bemerkung 3.

ii) Es sei ϕ ein unbestimmtes Ereignis über X, das nur endliche Werte annehmen kann (d.h. $\phi(X^*)$ ist endlich). Man
zeige ([63]): ϕ ist genau dann ein stochastisches Er-
eignis, wenn für alle λ mit $0 \leq \lambda \leq 1$ die Mengen $L_{\phi = \lambda}$
regulär sind.

iii) Es sei $\mathcal{L}_X$ die Menge aller unbestimmten Ereignisse
über X, die nur endlich viele Werte annehmen können
(siehe Aufgabe ii)). $\vee$ und $\wedge$ seien wie in Aufgabe ii)
in 4.2.1. definiert. Man zeige ([37]): $\mathcal{L}_X$ ist bezüglich
$\vee, \wedge$ und Komplement abgeschlossen.

Anhang 1: Determinierte Automaten und Akzeptoren

In diesem Anhang werden einige wichtige Definitionen und
Resultate aufgeführt. Zur genaueren Information verweisen
wir auf $[29]$, $[56]$ oder $[52]$.

A.1.1. Determinierte Automaten

Wenn $X = \{x_1,\ldots,x_r\}$ eine endliche nichtleere Menge ("Alphabet") ist, dann bezeichnen wir mit X^* das freie Monoid über
X, d.h. es ist $X^* = \{e,x_1,\ldots,x_r,x_1x_1,x_1x_2,\ldots,x_1x_r,x_2x_1,$
$\ldots,x_rx_r,x_1x_1x_1,\ldots\}$, und diese Menge ist bezüglich der
Verknüpfung $u \cdot v := uv$ für alle $u,v \in X^*$ ein Monoid, wobei
e die Einheit (das "leere Wort") von X^* ist. Die Elemente
von X heißen Buchstaben, Zeichen oder Symbole, die von X^*
heißen Wörter. Wenn $u = x_{i_1}\ldots x_{i_m} \in X^*$ und $x_{i_j} \in X$ für
$j=1,\ldots,m$ ist, dann heißt die Abbildung $l:X^* \to I\!N_0$ mit
$l(u)=m$ die Länge von u in X^*. Definitionsgemäß ist $l(e)=0$.
Wenn X und Y Alphabete sind, dann kann man eine Abbildung
$h:X \to Y^*$ in eindeutiger Weise zu einem Monoidhomomorphismus
$h^*: X^* \to Y^*$ durch $h^*(e)=e$ und $h^*(ux) = h^*(u)h(x)$ für
alle $u \in X^*$ und $x \in X$ fortsetzen. Anstelle von h^* schreiben wir wieder h.
Kompliziertere Abbildungen von X^* in Y^* kann man mit Hilfe
von Geräten beschreiben, die endlich viele Zustände (siehe
1.2.1.) besitzen und ihre Zustände abhängig von den eingege-
benen Buchstaben verändern können. Beispiele hierfür sind
in 1.2.2. und 1.2.4. angegeben. Wir definieren:

<u>Definition</u>: $D = (X,Y,Z,\delta,\lambda)$ heißt determinierter Mealy-
    Automat, wenn gilt:
    i) X, Y und Z sind nichtleere Mengen (Eingabealphabet,
       Ausgabealphabet und Zustandsmenge),
    ii) $\delta: X \times Z \to Z$ und $\lambda: X \times Z \to Y$ sind Abbildungen.

In dem Spezialfall, daß λ nicht vom Eingabealphabet abhängig
ist (sondern vom nächsten angenommenen Zustand), erhält man:

<u>Definition</u>: $D' = (X,Y,Z,\delta,\mu)$ heißt determinierter Moore-

Automat, wenn gilt:

i) X, Y und Z sind nichtleere Mengen,

ii) $\delta: X \times Z \to Z$ und $\mu: Z \to Y$ sind Abbildungen.

Determinierte Automaten heißen endlich, falls X, Y und Z
endlich sind. Man kann endliche Automaten auch durch eine
δ- und eine λ-Tabelle der Form

δ	z_1	z_2	$\cdots$
x_1	$\delta(x_1,z_1)$	$\delta(x_1,z_2)$	$\cdots$
x_2	$\delta(x_2,z_1)$	$\delta(x_2,z_2)$	$\cdots$
$\vdots$	$\vdots$	$\vdots$	

(analog für λ)

darstellen. Eine weitere Darstellungsform sind Graphen, wie
sie in 2.1.4. für stochastische Automaten angegeben sind.

Ein determinierter Automat $D = (X,Y,Z,\delta,\lambda)$ arbeitet sequentiell und synchron, d.h. D liest Wörter buchstabenweise von
links nach rechts ein, ändert dabei seine Zustände gemäß δ
und gibt für jeden eingelesenen Buchstaben aus X einen Buchstaben aus Y aus. Die Arbeitsweise von D auf Wörtern wird
daher durch Funktionen δ' und λ' beschrieben, die folgendermaßen rekursiv definiert sind:

$\delta'(e,z) = z$ und $\lambda'(e,z) = e$ für alle $z \in Z$,

$\delta'(ux,z) = \delta(x,\delta'(u,z))$ und

$\lambda'(ux,z) = \lambda'(u,z) \lambda(x,\delta'(u,z))$ für alle $x \in X, u \in X^*, z \in Z$.
Die Abbildungen $\delta': X^* \times Z \to Z$ und $\lambda': X^* \times Z \to Y^*$ bezeichnen wir wieder mit δ und λ.

Für einen außenstehenden Beobachter realisiert ein determinierter Mealy-Automat D, der sich anfangs im Zustand z be-
finden möge, die Abbildung $\lambda_z: X^* \times Y^*$ mit $\lambda_z(u) = \lambda(u,z)$
für alle $u \in X^*$. Zwei Zustände z_1 und z_2 der determinierten
Automaten $D_1=(X,Y,Z_1,\delta_1,\lambda_1)$ und $D_2=(X,Y,Z_2,\delta_2,\lambda_2)$ heißen
äquivalent (von außen ununterscheidbar), wenn $\lambda_{1z_1} = \lambda_{2z_2}$
gilt. D_1 und D_2 heißen äquivalent, wenn die Mengen $\{\lambda_{1z}|z\varepsilon Z_1\}$
und $\{\lambda_{2z}| z\varepsilon Z_2\}$ übereinstimmen, d.h. wenn es zu jedem
Zustand des einen Automaten einen äquivalenten im anderen

Automaten gibt.

Wenn $D = (X,Y,Z,\delta,\lambda)$ ein Mealy-Automat ist, dann kann man
hierzu einen Moore-Automaten $D'= (X,Y,Z',\delta',\mu')$ definieren
durch: $Z' = Y \times Z$, und für alle $x \in X$, $y \in Y$, $z \in Z$
$\delta'(x,(y,z)) = (\lambda(x,z),\delta(x,z))$ und $\mu'((y,z)) = y$. D und D'
sind dann äquivalent, d.h. es gilt:

Satz: Zu jedem determinierten Mealy-Automaten D gibt es einen äquivalenten Moore-Automaten. Ist D endlich, so läßt
sich dieser ebenfalls endlich wählen.

Man kann nun Automaten bezüglich ihrer inneren Struktur ver-
gleichen. Hierzu definiert man Abbildungen zwischen den Al-
phabeten und den Zustandsmengen zweier Automaten, die mit
den Abbildungen δ und λ verträglich sind.

Definition: Es seien $D_i = (X_i,Y_i,Z_i,\delta_i,\lambda_i)$ für i=1,2 zwei
determinierte Mealy-Automaten. Ein Tripel $\phi = (\phi_x,\phi_y,\phi_z)$
von Abbildungen heißt ein Homomorphismus von D_1 in D_2,
wenn gilt:

i) $\phi_x: X_1 \to X_2$, $\phi_y: Y_1 \to Y_2$ und $\phi_z: Z_1 \to Z_2$ sind Abbildungen,

ii) für alle $x \in X_1$ und $z \in Z_1$ gilt:
$$\phi_z(\delta_1(x,z)) = \delta_2(\phi_x(x),\phi_z(z)),$$
$$\phi_y(\lambda_1(x,z)) = \lambda_2(\phi_x(x),\phi_z(z)).$$

Wie üblich heißt ϕ injektiv, surjektiv oder bijektiv, falls
alle drei Abbildungen ϕ_x, ϕ_y und ϕ_z diese Eigenschaft besitzen. ϕ heißt Z-Homomorphismus, falls $X_1=X_2$, $Y_1=Y_2$ und ϕ_x
und ϕ_y die Identität auf diesen Mengen sind. Surjektive
Z-Homomorphismen ϕ heißen Z-Epimorphismen und werden mit
$\phi: D_1 \to D_2$ bezeichnet. D_1 und D_2 heißen Z-isomorph, falls
ein bijektiver Z-Epimorphismus $\phi: D_1 \to D_2$ existiert.
Durch Induktion zeigt man leicht (vergleiche 2.4.2.):

Satz: Wenn $\phi: D_1 \to D_2$ ein Z-Epimorphismus ist, dann sind
D_1 und D_2 äquivalent.

Man kann nun Automaten betrachten, die bezüglich der Äquivalenz oder der Z-Homomorphie die kleinstmögliche Anzahl an

Zuständen besitzen. Ein determinierter Automat möge reduziert heißen, wenn je zwei seiner Zustände nicht äquivalent
sind. Er möge epimorph-reduziert heißen, falls er nicht
durch einen echten (d.h. einen nicht-bijektiven) Z-Epimorphismus auf einen anderen Automaten abgebildet werden kann.
Bei determinierten Automaten fallen diese Begriffe zusammen:

Satz: Ein determinierter Automat ist genau dann reduziert,
wenn er epimorph-reduziert ist.

Beweis: Da nach dem vorhergehenden Satz die Z-Epimorphie
die Äquivalenz nach sich zieht, so ist jeder reduzierte
Automat auch epimorph-reduziert. Die andere Richtung des
Beweises folgt unmittelbar aus dem folgenden Satz.

Satz: Es seien D und D' zwei äquivalente Automaten. Wenn D'
reduziert ist, dann gibt es einen Z-Epimorphismus
$\phi: D \to D'$.

Beweis: Es seien $D=(X,Y,Z,\delta,\lambda)$ und $D'=(X,Y,Z',\delta',\lambda')$. Zu
jedem $z \in Z$ existiert genau ein Zustand $z' \in Z'$, der zu
z äquivalent ist (da D' reduziert ist). Man definiere
daher die Abbildung $\phi_z: Z \to Z'$ durch $\phi_z(z)=z'$. Da z und
$\phi_z(z)$ nach Definition von ϕ_z äquivalent sind, so gilt
für alle $x \in X$ und $z \in Z$: $\lambda(x,z) = \lambda'(x,\phi_z(z))$. Um zu
beweisen, daß ϕ_z einen Z-Homomorphismus definiert, ist
noch die Relation $\phi_z(\delta(x,z)) = \delta'(x,\phi_z(z))$ zu zeigen.
Dies ist genau dann der Fall, wenn $\delta(x,z)$ und $\delta'(x,\phi_z(z))$
äquivalent sind. Wären diese beiden Zustände nicht äquivalent, dann gäbe es ein $u \in X^*$ mit $\lambda(xu,z) \neq$
$\lambda'(u,\delta'(x,\phi_z(z)))$, und es folgt $\lambda(xu,z) \neq \lambda'(xu,\phi_z(z))$;
also wären z und $\phi_z(z)$ nicht äquivalent im Widerspruch
zur Definition von ϕ_z. Folglich gilt für alle $x \in X$,
$z \in Z$: $\phi_z(\delta(x,z)) = \delta'(x,\phi_z(z))$. Da ϕ_z nach Definition
surjektiv ist, so definiert ϕ_z einen Z-Epimorphismus
$\phi: D \to D'$, womit der Satz bewiesen ist.

Wenn D und D' beide epimorph-reduziert sind, so ist das
oben angegebene ϕ_z bijektiv, d.h.:

<u>Satz</u>: Zu jedem determinierten Automaten D gibt es bis auf
Z-Isomorphie genau einen reduzierten Automaten D', der
zu D äquivalent ist und auf den D Z-epimorph abgebildet
werden kann.

<u>Korollar</u>: Zwei determinierte Automaten D_1 und D_2 sind dann
und nur dann äquivalent, wenn es einen determinierten
Automaten D und zwei Z-Epimorphismen ϕ_1: $D_1 \rightarrow D$ und
ϕ_2: $D_2 \rightarrow D$ gibt (vergleiche Aufgabe iii) in 2.4.3.).

Aus den angegebenen Sätzen folgt: wenn D ein endlicher
Automat ist, dann kann man einen reduzierten, zu D äquivalenten Automaten effektiv konstruieren; denn wenn D
n Zustände besitzt, dann kann man für jede Zustandsmenge
Z_k = {1,...,k} mit k $\leq$ n und jede surjektive Abbildung
ϕ_z: $Z \rightarrow Z_k$ prüfen, ob man ein δ_k und λ_k, die verträglich
mit ϕ_z sind, definieren kann, so daß $(X,Y,Z_k,\delta_k,\lambda_k)$ ein
Automat ist. Eine andere Möglichkeit wird im Beweis zu
Satz 1 angegeben (siehe 2.1.2.), wobei Satz 2 (2.1.3.)
entsprechend gilt.

A.1.2. Verknüpfungen von Automaten

Wenn man determinierte Automaten effektiv herstellen will,
so werden die Herstellungskosten im allgemeinen mit der
Anzahl der Zustände wachsen. Es wäre wünschenswert, wenn
man einen vorgegebenen Automaten D in Teilautomaten zerlegen
könnte, die in der Summe billiger zu erstellen sind als D.
Es bieten sich hier Untersuchungen über die Hintereinander-
und die Parallelschaltung von Automaten an.

<u>Definition</u>: Es seien D_i = $(X_i,Y_i,Z_i,\delta_i,\lambda_i)$ für i=1,2 zwei
determinierte Automaten. Der Automat D = $(X_1,Y_2,Z,\delta,\lambda)$
heißt Hintereinanderschaltung von D_1 und D_2 (Symbol
$D_1 \circ D_2$), falls $Z = Z_1 \times Z_2$ und $Y_1 = X_2$ ist und für alle
x ϵ X, (z_1,z_2) ϵ Z gilt:
$\delta(x,(z_1,z_2)) = (\delta_1(x,z_1),\delta_2(\lambda_1(x,z_1),z_2))$ und
$\lambda(x,(z_1,z_2)) = \lambda_2(\lambda_1(x,z_1),z_2)$.

Anschaulich ist dieser Sachverhalt in Fig.29 dargestellt.

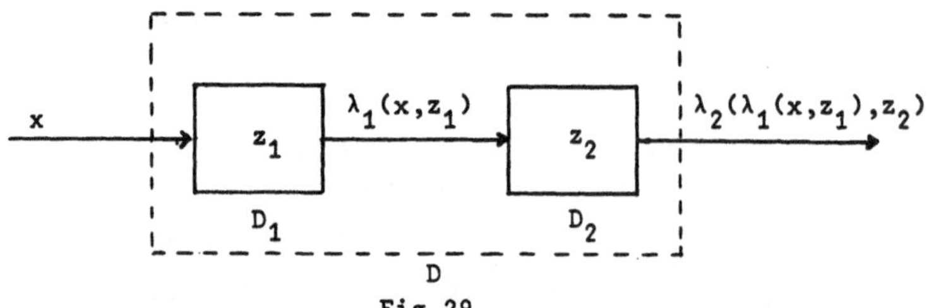

Fig.29

Zu jedem determinierten Automaten kann man einen äquivalenten Automaten angeben, der sich als ●-Produkt von Automaten sehr einfacher Struktur darstellen läßt (Satz von
Krohn und Rhodes, siehe [29]).

Eine andere Verknüpfung zwischen Automaten stellt die in
Fig.30 angegebene Parallelschaltung dar.

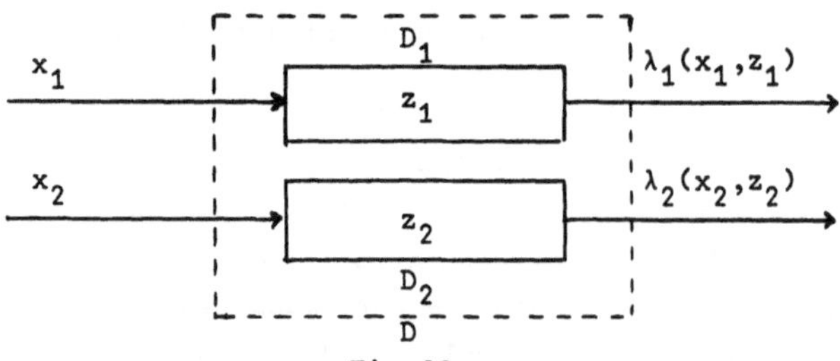

Fig.30

<u>Definition</u>: Es seien $D_i=(X_i,Y_i,Z_i,\delta_i,\lambda_i)$ für $i=1,2$ zwei
determinierte Automaten, dann heißt

$D = (X_1 \times X_2,\ Y_1 \times Y_2,\ Z_1 \times Z_2,\delta,\lambda)$ die Parallelschaltung von D_1 und D_2 (Symbol: $D_1 \times D_2$), falls für alle
$x_1 \in X_1$, $x_2 \in X_2$, $z_1 \in Z_1$, $z_2 \in Z_2$ gilt:

$$\delta((x_1,x_2),(z_1,z_2)) = (\delta_1(x_1,z_1),\delta_2(x_2,z_2)),$$

$$\lambda((x_1,x_2),(z_1,z_2)) = (\lambda_1(x_1,z_1),\lambda_2(x_2,z_2)).$$

Man kann $D_1 \times D_2$ durch surjektive Homomorphismen auf D_1
oder D_2 abbilden (Projektion auf die erste, bzw. zweite
Komponente). Kategorientheoretisch ist $D_1 \times D_2$ ein direktes

Produkt. Aussagen über die Zerlegbarkeit bezüglich × findet man ebenfalls in [29].

A.1.3. Determinierte Akzeptoren

Will man für Eingabewörter nur entscheiden, ob sie zu einer bestimmten Menge gehören, oder interessiert aus irgendeinem Grunde die Ausgabe eines Automaten nicht, dann kann man sich auf Untersuchungen über Akzeptoren beschränken. Wir betrachten hier nur endliche Akzeptoren und nehmen an, daß jeder Akzeptor einen Anfangszustand besitzt.

<u>Definition</u>: $B = (X,Z,\delta,z_o,F)$ heißt determinierter (endlicher) Akzeptor, falls gilt:

    i) X und Z sind endliche, nichtleere Mengen (Eingabealphabet und Zustandsmenge),

    ii) $z_o \in Z$ (Anfangszustand),

    iii) $F \subseteq Z$ (Menge der Endzustände),

    iv) $\delta: X \times Z \to Z$ ist eine Abbildung.

Wie bei Automaten setzt man δ auf $X^* \times Z$ fort durch $\delta(e,z) = z$ und $\delta(ux,z) = \delta(x,\delta(u,z))$ für alle $x \in X$, $u \in X^*$ und $z \in Z$. Damit ist die Arbeitsweise von B charakterisiert. B soll verwendet werden, um eine Teilmenge von X^* (Sprache) auszuzeichnen. Ein Wort $u \in X^*$ gehört zu dieser Teilmenge, falls B bei Eingabe von u von z_o in einen Endzustand geht. Diese Menge $\{u \mid \delta(u,z_o) \in F\} =: L(B)$ heißt die von B akzeptierte Sprache.

<u>Definition</u>: Eine Menge $L \subseteq X^*$ heißt Sprache. Eine Sprache L heißt regulär, falls es einen determinierten Akzeptor B gibt mit $L = L(B)$.

<u>Bemerkung</u>: Man kann reguläre Sprachen auch über das letzte Ausgabezeichen eines Automaten definieren. Für stochastische Automaten wird dies in 3.5.1. näher erläutert.

Wir wollen im folgenden die regulären Sprachen charakterisieren und einige Abschlußeigenschaften angeben. Es sei $L \subseteq X^*$ eine beliebige Sprache. Wir betrachten die folgendermaßen für alle $u,v \in X^*$ definierte Relation $\equiv_L$:

$$u \equiv_L v \iff (\text{für alle } w \in X^* \text{ gilt: } uw \in L \iff vw \in L).$$

Man sieht leicht ein, daß $\equiv_L$ eine Äquivalenzrelation auf X^* ist; $\equiv_L$ heißt die Nerode-Äquivalenz von L. Die Anzahl der Äquivalenzklassen einer Äquivalenzrelation heißt der Index dieser Relation. Es gilt:

<u>Satz</u> von Nerode ([44]): $L \subseteq X^*$ ist dann und nur dann eine reguläre Sprache, wenn der Index von $\equiv_L$ endlich ist.

Beweis: Es sei $B = (X,Z,\delta,z_O,F)$, und es sei $L=L(B)$ eine reguläre Sprache. Zwei Wörter $u,v \in X^*$ liegen sicher in der gleichen Klasse bezüglich $\equiv_L$, falls $\delta(u,z_O)=\delta(v,z_O)$ ist, weil dann für alle $w \in X^*$ gilt: $\delta(uw,z_O)=\delta(vw,z_O)$. Der Index von $\equiv_L$ kann daher höchstens gleich der Anzahl der Zustände von B sein, d.h. er ist endlich.

Es sei nun umgekehrt der Index von $\equiv_L$ für eine Sprache $L \subseteq X^*$ endlich. Es sei $Q = \{[u_1],\ldots,[u_m]\}$ die Menge der verschiedenen Äquivalenzklassen, wobei $u_1,\ldots,u_m$ irgendwelche Repräsentanten dieser Klassen sind. Wenn nun $u_i \in L$ ist, dann gilt für alle $v \in [u_i]$ speziell: $u_i \in L \iff v \in L$, d.h. es ist auch $v \in L$ und damit $[u_i] \subseteq L$. Folglich kann man L in der Form $L = [u_{i_1}] \cup \ldots \cup [u_{i_r}]$ darstellen. Es sei $F =\{[u_{i_1}],\ldots,[u_{i_m}]\}$. Man definiere $B = (X,Q,\delta,[e],F)$ durch

$\delta(x,[u]) = [ux]$ für alle $[u] \in Q$, $x \in X$. δ ist wohldefiniert (d.h. δ hängt nicht von der Wahl von u ab), da für alle $x \in X$, $u,v \in X^*$ gilt: aus $u \equiv_L v$ folgt $ux \equiv_L vx$. Also ist B ein determinierter Akzeptor, und nach Konstruktion folgt $L=L(B)$.

Aus dem Beweis folgt:

<u>Korollar</u>: Besitzt eine reguläre Sprache L den Index m bezüglich $\equiv_L$, dann besitzt jeder Akzeptor, der L akzeptiert, mindestens m Zustände; und es existiert ein solcher Akzeptor mit genau m Zuständen.

Mit Hilfe des Satzes von Nerode kann man von einigen Sprachen leicht feststellen, ob sie regulär sind. Man betrachte z.B. die Sprache $L = \{x^i y^j \mid j \geq i \geq 0\} \subset \{x,y\}^*$. Für zwei Wörter x^n, x^m mit $n < m$ gilt dann: $x^n y^{m-1} \in L$, aber $x^m y^{m-1} \notin L$, d.h. je zwei solcher Wörter liegen in verschiedenen Klassen bezüglich $\equiv_L$. Der Index von $\equiv_L$ ist daher ∞, und L ist nicht regulär. Ebenso zeigt man, daß die in Beispiel 11 (3.1.3.) angegebene Sprache nicht regulär ist.

Eine andere Möglichkeit, reguläre Sprachen zu charakterisieren, wurde von Kleene angegeben. Er betrachtete die drei Operationen Vereinigung, Produkt und Untermonoid-Bildung und konnte zeigen, daß eine Sprache $L \subseteq X^*$ mit $X = \{x_1, \ldots, x_r\}$ genau dann regulär ist, wenn sie sich mit Hilfe von $\emptyset$, $\{x_1\}, \ldots, \{x_r\}$ durch endlich-maliges Anwenden der drei genannten Operationen darstellen läßt. Dieser Satz von Kleene wird z.B. in [29] ausführlich behandelt.

A.1.4. Abschlußeigenschaften und Entscheidbarkeit

Es sei $B = (X, Z, \delta, z_0, F)$ ein Akzeptor, der L akzeptiert, dann akzeptiert $B' = (X, Z, \delta, z_0, Z \smallsetminus F)$ offenbar $Com(L) = X^* \smallsetminus L$, d.h. das Komplement einer regulären Sprache ist regulär. Wenn $B_1 = (X, Z_1, \delta_1, z_{01}, F_1)$ und $B_2 = (X, Z_2, \delta_2, z_{02}, F_2)$ zwei Akzeptoren sind, die L_1 und L_2 akzeptieren, dann bilde man den Akzeptor $B = (X, Z_1 \times Z_2, \delta, (z_{01}, z_{02}), F_1 \times F_2)$ mit $\delta(x, (z_1, z_2)) = (\delta_1(x, z_1), \delta_2(x, z_2))$ für alle $x \in X$, $z_1 \in Z_1$, $z_2 \in Z_2$. Offenbar akzeptiert B genau $L_1 \cap L_2$, d.h. die regulären Sprachen sind gegen Durchschnittsbildung abgeschlossen. Wegen $L_1 \cup L_2 = Com(Com(L_1) \cap Com(L_2))$ gilt dies auch für die Vereinigung.

Den Beweis weiterer Abschlußeigenschaften findet man z.B. in [52]. Wir listen hier einige Resultate auf:

<u>Satz</u>: Es seien $L, L_1, L_2 \subseteq X^*$ reguläre Sprachen. Dann sind folgende Sprachen ebenfalls regulär:

    i) das Komplement $Com(L) = X^* \smallsetminus L$,

    ii) $L_1 \cap L_2$, $L_1 \cup L_2$, $L_1 \smallsetminus L_2$,

iii) das Produkt $L_1 \cdot L_2 = \{u_1 u_2 \mid u_1 \in L_1, u_2 \in L_2\}$,

iv) das Spiegelbild $sp(L)$,

v) das von L erzeugte Untermonoid
$$L^* = \{e\} \cup L \cup L \cdot L \cup L \cdot L \cdot L \cup \ldots ;$$
ist $h: X^* \to X'^*$ ein Monoidhomomorphismus, dann ist $h(L)$ regulär.

Es ist klar, daß jede endliche Menge eine reguläre Sprache ist.

Wenn $B = (X, Z, \delta, z_o, F)$ ein determinierter Akzeptor mit n Zuständen ist, dann kann man nach endlich vielen Schritten die Entscheidung fällen, ob $L(B) = \emptyset$ ist oder nicht. Man bilde hierzu folgende Mengen: $Z_o = \{z_o\}$,
$Z_{i+1} = Z_i \cup \{\delta(x,z) \mid x \in X, z \in Z_i\}$ für $i = 0,1,2,\ldots$.
Wegen $Z_o \subseteq Z_1 \subseteq Z_2 \subseteq \ldots \subseteq Z$ gibt es ein $j \leq n$ mit
$Z_j = Z_{j+k}$ für alle natürlichen Zahlen k. Offenbar gilt $L(B) = \emptyset$ genau dann, wenn $Z_j \cap F = \emptyset$ ist, d.h. wenn man nie einen Endzustand von z_o aus erreichen kann.

Da $L_1 \subseteq L_2$ genau dann gilt, wenn $L_1 \setminus L_2 = L_1 \cap \text{Com}(L_2)$ $= \emptyset$ ist und da die Beweise zu obigem Satz konstruktiv sind, so kann man nach endlich vielen Schritten zu je zwei Akzeptoren B_1 und B_2 entscheiden, ob $L(B_1) \subseteq L(B_2)$ und ob $L(B_1) = L(B_2)$ ist.

Anhang 2: Grundlagen der Wahrscheinlichkeitstheorie

Die Theorie stochastischer Automaten verwendet bisher kaum Hilfsmittel der Wahrscheinlichkeitstheorie. Dieser Anhang dient daher nur der Erläuterung einiger Begriffe und der Beziehung zwischen stochastischen Akzeptoren und Markowketten.

A.2.1. Wahrscheinlichkeitsräume

Wir nehmen an, es wird ein Experiment durchgeführt, dessen Ausgang man nicht kennt, von dem man aber sagen kann, daß

das Ergebnis ein Element einer Menge Ω , des sog. Stich-
probenraums ist. Besteht das Experiment z.B. im Werfen
einer Münze, so ist Ω = {Kopf,Wappen} ; betrachtet man
das Würfeln, so ist Ω = {1,2,3,4,5,6} ; fragt man danach,
wieviele Stunden man während der Hauptreisezeit von Ham-
burg nach München benötigt, so kann man als Ω das reelle
Intervall $[7,200]$ wählen. Man interessiert sich nun für
die Wahrscheinlichkeit p dafür, daß das Experiment ein
bestimmtes Element aus Ω als Ergebnis liefert, oder dafür,
daß das Ergebnis des Experiments in einer bestimmten Teil-
menge $\Omega' \subseteq \Omega$ liegt. Ist Ω abzählbar, so kann man jede beliebige Teilmenge Ω' betrachten, und unser Experiment wird
in diesem Fall beschrieben durch:

Definition: Es sei Ω eine abzählbare Menge. Das Tripel
   $(\Omega, 2^\Omega, p)$ heißt ein (abzählbarer) Wahrscheinlichkeitsraum, falls gilt:
   i) 2^Ω ist die Potenzmenge von Ω,
   ii) p ist eine Abbildung von 2^Ω in das reelle Intervall
      $[0,1]$ mit $p(\Omega) = 1$,
   iii) falls $Q_1, Q_2, \dots \subseteq \Omega$ und $Q_i \cap Q_j = \emptyset$ für $i \neq j$
      ist, dann gilt

$$p\left(\bigcup_{i=1}^{\infty} Q_i\right) = \sum_{i=1}^{\infty} p(Q_i), \text{ d.h. p ist } \sigma\text{-additiv.}$$

Bemerkung: Ist Ω nicht abzählbar, so tritt an die Stelle
von 2^Ω ein σ-Ring; siehe z.B. [33].

p bezeichnet man als Wahrscheinlichkeitsmaß, Ω als Stichprobenraum. Aus der Definition folgert man leicht: $p(\emptyset)=0$
und $p(Q_1 \cup Q_2) = p(Q_1) + p(Q_2) - p(Q_1 \cap Q_2)$ für $Q_1, Q_2 \subseteq \Omega$.
Für mathematische Untersuchungen ist eine beliebige Menge
Ω ungeeignet. Daher bildet man Ω in die Menge der reellen
Zahlen $I\!R$ ab, überträgt hierbei p und kann nun $(\Omega, 2^\Omega, p)$
durch einen (nicht abzählbaren) Wahrscheinlichkeitsraum
$(I\!R, \mathcal{B}, q)$ ersetzen. Die Abbildung $\xi: \Omega \to I\!R$ bezeichnet man
als stochastische Variable über Ω. ξ ordnet nun $(\Omega, 2^\Omega, p)$
den Wahrscheinlichkeitsraum $(I\!R, \mathcal{B}, q_\xi)$ mit dem Wahrschein-

lichkeitsmaß q_ξ zu mit $\quad q_\xi(\{\alpha\}) = p(\xi^{-1}(\alpha)) = \sum\limits_{\xi(\omega)=\alpha} p(\omega)$

für alle $\alpha \in \mathbb{R}$; q_ξ kann eindeutig zu einem Wahrscheinlichkeitsmaß auf $\mathcal{B}$ fortgesetzt werden. $\mathcal{B} \subsetneq 2^{\mathbb{R}}$ ist das sog.
System der Borelschen Mengen über $\mathbb{R}$; für das Folgende ist
$\mathcal{B}$ nicht wichtig.

Bemerkung: Ist Ω nicht abzählbar, so sind als stochastische
Variable nur die sog. meßbaren Abbildungen zugelassen,
siehe [33].

Bezeichnung: Anstelle von $q_\xi(\{\alpha\})$ schreibt man auch
  $p(\xi=\alpha)$; dies ist die Wahrscheinlichkeit dafür, daß die
  stochastische Variable ξ den Wert α annimmt. Analog
  ist die Schreibweise $p(\alpha \le \xi \le \beta)$ zu deuten.

Ist ξ injektiv, dann hat man das gesamte Experiment ohne
"Informationsverlust" in $\mathbb{R}$ eingebettet. Man kann aber
auch mit Hilfe von ξ Elemente von Ω zusammenfassen, deren
Unterscheidung nicht wichtig oder für die Untersuchung
sogar störend ist.
Die stochastische Variable ξ (zusammen mit q_ξ) beschreibt
das Experiment vollständig. ξ und q_ξ kann man nun durch
eine reelle Funktion eindeutig darstellen:

Definition: Die Funktion $F : \mathbb{R} \to [0,1]$ mit
  $F(x) = q_\xi((-\infty,x))$ für jedes offene Intervall $(-\infty,x)$
  heißt die Verteilungsfunktion von ξ.

F ist eine monoton wachsende und überall linksseitig
stetige Funktion.

Bemerkung: Im abzählbaren Fall kann man F in der Form

$F(x) = \sum\limits_{\xi(\omega)<x} p(\omega)$ schreiben $(\omega \in \Omega)$.

A.2.2. Bedingte Wahrscheinlichkeiten

Es sei $\Omega' \subseteq \Omega$. Dann interessiert man sich oft für die Wahr-
scheinlichkeit $p(\omega|\Omega')$, daß man das Ergebnis ω bekommt
unter der Voraussetzung, daß das Ergebnis ein Element von Ω'

ist. Es gilt natürlich $p(\omega|\Omega') = 0$ für alle $\omega \notin \Omega'$.

Definition: Es sei $(\Omega,2^\Omega,p)$ ein (abzählbarer) Wahrscheinlichkeitsraum, $\Omega' \subseteq \Omega$ und $p(\Omega') \neq 0$, dann heißt das
Wahrscheinlichkeitsmaß $p(\cdot|\Omega')$ mit

$$p(Q|\Omega') := \frac{p(Q \cap \Omega')}{p(\Omega')} \quad \text{für alle } Q \in 2^\Omega \text{ die bedingte}$$

Wahrscheinlichkeit unter der Voraussetzung Ω'.

Wegen $p(\Omega|\Omega') = 1$ ist $p(\cdot|\Omega')$ ein Wahrscheinlichkeits-
maß. Man kann nun leicht zeigen:

Hilfssatz: Es sei $\Omega' \subseteq \Omega$ mit $p(\Omega') \neq 0$. Dann ist
$(\Omega',2^{\Omega'},p(\cdot|\Omega'))$ ein Wahrscheinlichkeitsraum.

A.2.3. Stochastische Prozesse

Wiederholt man ein Experiment dauernd, so kann man diesen
Prozeß durch eine Folge von stochastischen Variablen ξ_1,
$\xi_2,\xi_3,\ldots$ beschreiben. Allgemein definiert man:

Definition: Es sei $(\Omega,2^\Omega,p)$ ein (abzählbarer) Wahrscheinlichkeitsraum. T sei eine Menge. Eine Familie
$\{\xi_t\}_{t \in T}$ von stochastischen Variablen über Ω heißt
ein stochastischer Prozeß. Man spricht von einem Prozeß
mit diskreten, bzw. kontinuierlichen Parametern je
nachdem, ob T abzählbar ist oder nicht.

Uns interessieren hier nur stochastische Prozesse mit diskreten Parametern; o.B.d.A. sei $T = \mathbb{N}$. Bei einem solchen
Prozeß $\{\xi_1,\xi_2,\xi_3,\ldots\}$ kann man die Wahrscheinlichkeiten
$p^*(\xi_1=\omega_1$ und $\xi_2=\omega_2$ und $\ldots$ und $\xi_r=\omega_r)$ betrachten (für die
wir $p^*(\omega_1\omega_2\ldots\omega_r)$ schreiben), d.h. die Wahrscheinlichkeit
dafür, daß für $1 \leq i \leq r$ das Ergebnis ω_i im i-ten Schritt
erhalten wird. Durch diese Werte ist der stochastische Prozeß eindeutig bestimmt, und wir können eine Abbildung
p^* vom freien Monoid Ω^* in das Intervall $[0,1]$, die gewissen
Nebenbedingungen genügt, als stochastischen Prozeß auffassen. Es gilt:

<u>Hilfssatz</u>: Jedem stochastischen Prozeß mit diskreten Para-
metern kann man umkehrbar eindeutig eine Abbildung
p^*: $\Omega^* \to [0,1]$ zuordnen mit folgenden Eigenschaften:
i) $p^*(e) = 1$ (e ist die Einheit in Ω^*),
ii) für alle $w \in \Omega^*$ gilt:
$$\sum_{\omega \in \Omega} p^*(w\omega) = p^*(w).$$

Stochastische Prozesse sind sehr allgemein, so daß man
nach "interessanten" Einschränkungen sucht. Zum Beispiel
könnte man solche p^* mit $p^*(\omega_1 \ldots \omega_r) = p^*(\omega_1) \cdot \ldots \cdot p^*(\omega_r)$
untersuchen; dies sind Prozesse, bei denen das Ergebnis
des nächsten Experiments unabhängig von den Ergebnissen
aller vorhergehender Experimente ist. Für die Praxis sind
folgende Prozesse wichtiger:

<u>Definition</u>: Ein stochastischer Prozeß $\{\xi_1, \xi_2, \ldots\}$ heißt
ein Markow-Prozeß, falls für alle $i \in \mathbb{N}$ gilt: die
Wahrscheinlichkeit dafür, daß im $(i+1)$-ten Schritt
ω_{i+1} als Ergebnis erhalten wird, hängt nur von dem
Ergebnis des i-ten Experiments ab.

Diese Definition lautet formal: Es sei p^*: $\Omega^* \to [0,1]$ die
zu einem stochastischen Prozeß gehörende Abbildung; es sei
für $\omega_1, \ldots, \omega_r, \omega \in \Omega$ mit $p^*(\omega_1 \ldots \omega_r) \neq 0$
$$p(\xi_{r+1} = \omega \mid \omega_1 \ldots \omega_r) := \frac{p^*(\omega_1 \ldots \omega_r \omega)}{p^*(\omega_1 \ldots \omega_r)}$$

die Wahrscheinlichkeit dafür, daß im $(r+1)$-ten Experiment
ω erhalten wird unter der Voraussetzung, daß die vorhergehenden Experimente die Ergebnisse $\omega_1, \ldots, \omega_r$ geliefert
haben; weiter sei
$$p(\xi_r = \omega_r) := \sum_{\omega_1, \ldots, \omega_{r-1} \in \Omega} p^*(\omega_1 \ldots \omega_{r-1} \omega_r)$$

die Wahrscheinlichkeit, im r-ten Experiment das Ergebnis
ω_r zu bekommen, und für $p(\xi_r = \omega_r) \neq 0$ sei
$$p(\xi_{r+1} = \omega \mid \xi_r = \omega_r) := \frac{p(\xi_{r+1} = \omega \text{ und } \xi_r = \omega_r)}{p(\xi_r = \omega_r)} := \frac{\sum p^*(\omega_1 \ldots \omega_{r-1} \omega_r \omega)}{p(\xi_r = \omega_r)}$$

(wobei die Summe $\sum$ über alle $\omega_1, \ldots, \omega_{r-1} \in \Omega$ läuft)

die Wahrscheinlichkeit, im $(r+1)$-ten Experiment ω zu bekommen, wenn im r-ten Experiment ω_r erhalten wurde. Dann
gilt: p^* beschreibt genau dann einen Markow-Prozeß, falls
für alle $i \in I\!N$ und alle $\omega_1,\ldots,\omega_i,\omega \in \Omega$ gilt
$p(\xi_{i+1}=\omega|\omega_1\ldots\omega_i) = p(\xi_{i+1}=\omega|\xi_i=\omega_i)$; dies ist in dem Sinne
zu verstehen, daß die eine Seite der Gleichung definiert
ist, wenn die andere es ist, und beide Seiten dann gleich
sind.

Definition: Ein Markow-Prozeß heißt stationär (=zeitunab-
hängig; die Parametermenge T wird als Zeit aufgefaßt),
wenn für alle $\omega,\omega' \in \Omega$ und für alle $i,j \in I\!N$ gilt:
$p(\xi_{i+1}=\omega|\xi_i=\omega') = p(\xi_{j+1}=\omega|\xi_j=\omega')$.

Bemerkung: Wenn Ω nicht abzählbar ist, dann sind die obigen
Überlegungen in offensichtlicher Weise abzuändern.

Bemerkung: Man kann p zu einem Wahrscheinlichkeitsmaß über
dem Stichprobenraum $\Omega^{I\!N}$, d.h. über der Menge aller unendlichen Folgen mit Gliedern aus Ω, fortsetzen; hierbei sind
gerade die Werte $p^*(\omega_1\ldots\omega_r)$ für $r \geq 1$, $\omega_i \in \Omega$ wichtig.
In dem hierbei entstehenden Wahrscheinlichkeitsraum kann
man obige Wahrscheinlichkeiten $p(\xi_{r+1}=\omega|\xi_r=\omega_r)$ als bedingte
Wahrscheinlichkeiten (im Sinne von A.2.2.) auffassen.

Ist Ω abzählbar, dann nennt man den Markow-Prozeß auch eine
Markow-Kette. Stationäre Markowketten sind durch die Wahr-
scheinlichkeiten $p(\omega|\omega')$ für $\omega,\omega' \in \Omega$ eindeutig bestimmt.
Man kann diese Wahrscheinlichkeiten in einer stochastischen
Matrix zusammenfassen. Der schrittweise Ablauf des Prozesses
wird durch die Multiplikation der Matrix mit sich dargestellt. Jede stationäre Markowkette, für die $\Omega = Z$ eine
nichtleere endliche Menge ist, läßt sich daher als stochastischer Akzeptor (3.3.1.) mit einelementigem Eingabealphabet auffassen. Untersuchungen über stochastische Matrizen
liefern deshalb Erkenntnisse über die Arbeitsweise stochastischer Akzeptoren ([1],[15],[20]).

Bezeichnungen

$\mathbb{N}$ ist stets die Menge der natürlichen Zahlen, $\mathbb{N}_o = \mathbb{N} \cup \{0\}$;
$\mathbb{Z}$ ist die Menge der ganzen Zahlen und $\mathbb{R}$ die der reellen
Zahlen. Wenn M eine Menge ist, dann ist 2^M die Potenzmenge
(Menge aller Teilmengen) von M. Wenn M_1 und M_2 Mengen sind,
dann ist $M_1 \cup M_2$ die Vereinigung, $M_1 \cap M_2$ der Durchschnitt
und $M_1 \smallsmile M_2$ die Differenz von M_1 und M_2. Wenn $M' \subseteq M$ eine
Teilmenge ist, so ist $\mathrm{Com}(M') = M \smallsmile M'$ das Komplement von
M' in M. Für eine Menge M bezeichnet M^* das freie Monoid
über M mit der Einheit e (siehe Seite 161); l gibt die
Länge der Wörter in M^* an.
Im folgenden werden die Bezeichnungen dieses Buches aufge-
listet, und hinter jeder Bezeichnung wird (durch Striche
- - getrennt) die Seitenzahl angegeben, auf der die Bezeichnung eingeführt wird.

$p(y,z'|x,z)$ -18-, SA -18-, $A=(X,Y,Z;p)$ -18-, ESA -19-,
$P(y|x)$ -20-, E -20-, $P(x)$ -21-, $\eta(v|u)$ -22-, $\mathcal{N}$ -22-, $P(u)$
-22-, π -23-, η^π -23-, $\mathcal{P}_A$ -24-, $\mathcal{Z}_A$ -24-, $A \approx A'$ -24-,
$A \sim A'$ -24-, $A \geqq A'$ -24-, $\pi \sim \pi'$ -24-, $\pi \underset{k}{\sim} \pi'$ -24-, W -36-,
W' -36-, H_A -36-, Q_A -59-, $A \overset{\sim}{\rightarrow} A'$ -66-, $\phi: A_1 \rightarrow A_2$ -72-,
Π_ϕ -77-, $\mathcal{J}$ -82-, β -86-, $B=(X,Z,\{P(x)|x \in X\},\pi,f)$ -99-,
SAkz -99-, $L(B,\lambda)$ -101-, $sp(u)$ -105-, $\|P\|$ -116-, VAkz
-119-, $C=(X,Z,\{M(x)|x \in X\},\pi,f)$ -119-, $L(C,\lambda)$ -119-,
$L_=(B,\lambda)$ -130-, $L(A,\pi,y,\lambda)$ -136-, $\Phi(v|u)$ -139-, $\phi^{v,u}$ -140-,
U_X -148-, S_X -148-, $\phi(u)$ -148-, $L_{\phi>\psi}$ -149-, $L_{\phi<\psi}$ -149-,
$L_{\phi=\psi}$ -149-, $L_{\phi\neq\psi}$ -149-, $\phi \vee \psi$ -149-, $\phi \wedge \psi$ -149-, $\overline{\phi}$ -150-,
$(\phi,\psi;\tau)$ -150-, $\phi \cdot \psi$ -150-, $\underline{\lambda}$ -150-, $M \times M'$ -152-, X^* -161-,
e -161-, l -161-, $D=(X,Y,Z,\delta,\lambda)$ -161-, λ_z -162-, $\phi: D_1 \rightarrow D_2$
-163-, $D_1 \circ D_2$ -165-, $D_1 \times D_2$ -166-, $B=(X,Z,\delta,\tau_o,F)$ -167-,
$L(B)$ -167-, $\equiv_L$ -168-, $(\Omega,2^{\Omega^2},p)$ -171-, $(\mathbb{R},\mathcal{B},q_\xi)$ -171-,
$p(\xi=\alpha)$ -172-, $p(Q|\Omega')$ -173-, $\{\xi_t\}_{t \in T}$ -173-, $p^*(\omega_1 \ldots \omega_r)$
-173-, $p(\xi_r=\omega_r)$ -174-

Literaturverzeichnis

Wir benutzen folgende Abkürzungen für Zeitschriften:

AMSt   Annals of mathematical statistics
EIK   Elektronische Informationsverarbeitung und Kybernetik
I&C   Information and Control
JCSS   Journal of Computer and System Sciences
MST   Mathematical Systems Theory
ZMLGM Zeitschrift für mathematische Logik und Grundlagen
      der Mathematik.

1   Aleksić,T.Z.,"On near optimal decomposition of stochastic matrices", Publications de la faculté d'elec-
trotechnique de l'Université à Belgrade, Serié: Mathe-
matiques et Physique, 1969, 274-301

2   Arbib,M.A.,"Realization of stochastic systems",
AMSt 38 (1967), 927-933

3   Arbib,M.A.,"Theories of Abstract Automata",
Englewood Cliffs, 1969

4   Bacon,G.C.,"Minimal-state stochastic finite-state
systems", IEEE Trans.Circuit Theory CT-11 (1964),
307-308

5   Bacon,G.C.,"The decomposition of stochastic automata",
I&C 7 (1964), 320-339

6   Booth,T.L.,"Sequential machines and automata theory",
New York, 1967

7   Bucharajew,R.G.,"Nekotorye ekvivalentnosti v teorij
verajatnostnik avtomatov",Kazan.Gos.Univ.Uchen.Zap.
124 (1964), 45-65 (russisch)

8   Bucharajew,R.G.,"Kriterij predstavimosti sobytij v
konechnik verajatnostnik avtomatak", Dokl.Akad.Nauk
SSSR 164 (1965), 289-291 (russisch)

9   Carlyle,J.W.,"Reduced forms for stochastic sequential
machines",J.Math.Anal.Appl. 7 (1963), 167-175

10 Carlyle,J.W.,"On the external probability structure of
finite-state channels", I&C 7 (1964), 385-397

11 Carlyle,J.W.,"Identification of state-calculable functions of finite Markovian chains", AMSt 38 (1967),
201-205

12 Carlyle,J.W.,"Stochastic finite-state system theory",
in: "System Theory" (Zadeh,L.A., and Polak,E.; Eds.),
New York, 1969

13 Carlyle,J.W., Paz,A.,"Realizations by stochastic
    finite automata", JCSS 5 (1971), 26-40

14 Černý,J.,"Approximation in the space of information
    channels", I&C 16 (1970), 384-395

15 Chung,K.L.,"Markov Chains",2.Auflage, Berlin, 1967

16 Claus,V.,"Homomorphismen in der Theorie stochasti-
    scher Automaten", Saarbrücken,1968 (unveröffentlicht)

17 Dharmadhikari,S.W.,"Splitting a single state of a
    stationary process into Markovian states",
    AMSt 39 (1968), 1069-1077

18 Even,S.,"Comments on the minimization of stochastic
    machines", IEEE Trans.Electr.Comp.EC-14 (1965),634-637

19 Feichtinger,G.,"Zur Theorie abstrakter stochastischer
    Automaten",Z.Wahrsch.und verw.Geb.9 (1968),341-356

20 Feichtinger,G.,"Lernprozesse in stochastischen Automa-
    ten", Lecture Notes in Operation Research and Mathe-
    matical Systems, Nr.24, Berlin, 1969

21 Flachs,G.,"Stability and cutpoints of probabilistic
    automata", Dissertation, Michigan State Univ., 1967

22 Fliess,M.,"Propriétés booléennes des langages sto-
    chastiques", erscheint in Kürze in MST

23 Fliess,M.,"Formal languages and formal power series",
    Vortrag auf der Tagung "Theory of machines and com-
    putations", Haifa, 1971

24 Fox,M., Rubin,H.,"Functions of processes with Markovian
    states", AMSt 39 (1968), 938-946

25 Fu,K.S., Li,T.J.,"On stochastic automata and languages",
    Information Sciences 1 (1969), 403-420

26 Gantmacher,F.R.,"Matrizenrechnung II", Berlin, 1959

27 Heller,A.,"Probabilistic automata and stochastic
    transformations", MST 1 (1967), 197-208

28 Hotz,G., Walter,H.,"Automatentheorie und Formale Spra-
    chen", Band I, Mannheim,1968

29 Hotz,G., Walter,H.,"Automatentheorie und Formale Spra-
    chen", Band II (endliche Automaten), Mannheim, 1969

30 Hotz,G., Claus,V., "Automatentheorie und Formale Spra
    chen", Band III (formale Sprachen), Mannheim,1971

31 Knast,R.,"Linear probabilistic sequential machines",
    I&C 15 (1969), 111-129

32 Knast,R.,"Continuous-time probabilistic automata",
    I&C 15 (1969), 335-352

33 Krickeberg,K.,"Wahrscheinlichkeitstheorie",Stuttgart,
    1963

34   Küstner,H.,"Analyse und Synthese stochastischer Auto-
     maten", EIK $\underline{5}$ (1969), 269-310

35   Lewis,E.W.,"Stochastic sequential machines, theory
     and application", Ph.D.Thesis, Northwestern Univ.,1966

36   Liu,C.L.,"A note on definite stochastic sequential
     machines", I&C $\underline{14}$ (1969), 407-421

37   Nasu,M., Honda,N.,"Fuzzy events realized by finite
     probabilistic automata", I&C $\underline{12}$ (1968), 284-303

38   Nasu,M., Honda,N.,"Mappings induced by PGSM-mappings
     and some recursively unsolvable problems of finite
     probabilistic automata", I&C $\underline{15}$ (1969), 250-273

39   Nasu,M., Honda,N.,"A contextfree language which is not
     acceptable by a probabilistic automaton", I&C $\underline{18}$ (1971),
     233-236

40   Nawrotzki,K.,"Eine Bemerkung zur Reduktion stochasti-
     scher Automaten",EIK $\underline{2}$ (1966), 191-193

41   Nerode,A.,"Linear automaton transformations", Proc.
     Amer.Math.Soc. $\underline{9}$ (1958), 541-544

42   Neumann,J.v.,"Probabilistics logic and the synthesis
     of reliable organisms from unreliable components",
     in: "Automata Studies" (Shannon,C.E., and McCarthy,J.;
     Eds.), Annals of Mathematical Studies $\underline{34}$, Princetown-
     University, 1956

43   Nieh,T.T.,"Stochastic sequential machines with prescri-
     bed performance criteria", I&C $\underline{13}$ (1968), 99-113

44   Ott,E.H.,"Theory and application of stochastic sequen-
     tial machines", Research Report, Sperry Rand Res.Centre,
     Sudburry (Mass.), 1966

45   Page,C.V.,"Equivalences between probabilistic and de-
     terministic sequential machines",I&C $\underline{9}$ (1966),469-520

46   Page,C.V.,"Strong stability problems for probabilistic
     sequential machines", I&C $\underline{15}$ (1969), 487-509

47   Paz,A.,"Some aspects of probabilistic automata",
     I&C $\underline{9}$ (1966), 26-60

48   Paz,A.,"Fuzzy star functions, probabilistic automata
     and their approximation by nonprobabilistic automata",
     JCSS $\underline{1}$ (1967), 371-390

49   Paz,A.,"Homomorphisms between stochastic sequential ma-
     chines and related topics",MTS $\underline{2}$ (1968), 223-245

50   Putzolu,G.R.,"Probabilistic aspects of machine decom-
     position theory", JCSS $\underline{2}$ (1968), 312-331

51   Rabin,M.O.,"Probabilistic automata",I&C $\underline{6}$ (1963),
     230-245

52 Rabin,M.O., Scott,D.,"Finite automata and their deci-
    sion problems",IBM J.Res.Dev. $\underline{3}$ (1959), 114-125

53 Salomaa,A.,"On probabilistic automata with one input
    letter",Ann.Univ.Turkuensis, A.I. $\underline{85}$ (1965), 3-16

54 Salomaa,A.,"On m-adic probabilistic automata",
    I&C $\underline{10}$ (1967), 215-219

55 Salomaa,A.,"On events represented by probabilistic
    automata of different types", Canad.Math.J. $\underline{20}$ (1968),
    242-251

56 Salomaa,A.,"Theory of Automata", Oxford, 1969

57 Schützenberger,M.P.,"On the definition of a family of
    automata", I&C $\underline{4}$ (1961), 245-270

58 Shannon,C.E.,"The mathematical theory of communica-
    tion",Bell System Tech.J. $\underline{27}$ (1948),379-423,623-656

59 Shannon,C.E.,"Certain results in coding theory for
    noisy channels", I&C $\underline{1}$ (1957), 6-25

60 Souza,C.R., Leake,R.J.,"Relationships among distinct
    models and notions of equivalence for stochastic fini-
    te-state systems", IEEE Trans.Comp. C-$\underline{18}$ (1969),633-641

61 Stanciulescu,F., Oprescu,M.F.A.,"A mathematical model
    of finite random sequential automata", IEEE Trans.
    Comp. C-$\underline{17}$ (1968), 27-35

62 Starke,P.H.,"Theorie stochastischer Automaten",
    EIK $\underline{1}$ (1965), 5-32 und 71-98

63 Starke,P.H.,"Stochastische Ereignisse und Wortmengen",
    ZMLGM $\underline{12}$ (1966), 61-68

64 Starke,P.H.,"Stochastische Ereignisse und stochastische
    Operatoren", EIK $\underline{2}$ (1966), 177-190

65 Starke,P.H.,"Über Experimente an Automaten",
    ZMLGM $\underline{13}$ (1967), 67-80

66 Starke,P.H.,"Die Reduktion von stochastischen Automa-
    ten", EIK $\underline{4}$ (1968), 93-99

67 Starke,P.H.,"Schwache Homomorphismen für stochastische
    Automaten", ZMLGM $\underline{15}$ (1969)

68 Starke,P.H.,"Über die Minimalisierung von stochasti-
    schen Rabin-Automaten", EIK $\underline{5}$ (1969), 160-170

69 Starke,P.H.,"Abstrakte Automaten", Berlin, 1969

70 Starke,P.H., Thiele,H.,"Zufällige Zustände in stocha-
    stischen Automaten", EIK $\underline{3}$ (1967), 25-37

71 Starke,P.H., Thiele,H.,"On asynchronous stochastic
    automata", I&C $\underline{17}$ (1970), 265-293

72 Tokura,N., Hujii,M., Kasami,T.,"Some considerations
    on linear automata", Records on National Convention,
    IECE, Japan S 8-2 (japanisch)

73 Turakainen,P.,"On nonregular events representable in
    probabilistic automata with one input letter", Ann.
    Univ. Turkuensis, A.I. 90 (1966), 3-14

74 Turakainen,P.,"On stochastic languages", I&C 13 (1968),
    304-313

75 Turakainen,P.,"Generalized automata and stochastic
    languages", Proc.Amer.Math.Soc. 21 (1969), 303-309

76 Turakainen,P.,"On languages represented in rational
    probabilistic automata", Annales Acad.Sc.Fennicae,
    A.I. 439 (1969)

77 Turakainen,P.,"The family of stochastic languages is
    closed neither under catenation nor under homomorphisms",
    Ann.Univ.Turkuensis, A.I. 133 (1970)

78 Turakainen,P.,"On m-adic stochastic languages",
    I&C 17 (1970), 410-415

79 Turakainen,P.,"Some closure properties of the family
    of stochastic languages", I&C 18 (1971), 233-256

80 Yasui,T., Yajima,S.,"Some algebraic properties of sets
    of stochastic matrices", I&C 14 (1969), 319-357

81 Zadeh,L.A.,"Fuzzy sets", I&C 8 (1965), 338-353

Sachregister

Abbildungsfamilie   24
Additivität   171
aktuell   116
akzeptierte Sprache   101,167
Akzeptor   99,100,104,116,118,119,134,167
Alphabet   161
Anfangsverteilung   100
Anfangszustand   167
Anordnung in (X × Y)*   36
äquivalent   24,162
Äquivalenz von Akzeptoren   138
    -        von Automaten   24,162
    -        von Nerode   168
Arbeitsweise   19,71,100,162,167
Automat   18,19,93,96,161

bedingte Wahrscheinlichkeit   173
Beispiel von Even   52,60
    -     von Kesten   118
Buchstabe   161

dargestellte Sprache   136
definite Sprache   117
determinierter Akzeptor   100,167
    -            Automat   93,161
    -            Operator   144

endlicher Automat   19,162
Endvektor   100,119
Endzustand   100,167
Entscheidbarkeit   29,30,134,157,170
Epimorphismus   72,163
epimorph-reduziert   76,164
Ereignis   148,150,159
Ergebnisvektor   22
ESA   19
Even   52,60

finit-realisierbarer Operator   140
Folgeverteilung   82
formale Potenzreihe   127
freies Monoid   161
fuzzy set   148

Graph   31,106

H_A 36
Hintereinanderschalten von Automaten   165
homogener Operator   142
Homomorphismus   66,71,72,75,83,84,163

Index einer Äquivalenzrelation   168
isolierter Schnittpunkt   111,126,131
isomorph   33,163
Isomorphismus   72,163

k-äquivalent   24
kartesisches Produkt von Akzeptoren   152,(166)
kombinierbar   157
Komplement von Ereignissen   150
konvexe Linearkombination   49,143
Konvexkombination   150
Korrespondenzproblem von Post   157
Kroneckerprodukt   151
Küstner   144,154

λ-regulär   101
λ-stochastisch   101
Länge eines Wortes   161
leeres Wort   161
Lernmodell   9,35
Linearkombination   49,143,150
Linksableitung   133

m-adischer Akzeptor   104
Markowkette   175
Markow-Prozeß   174
Matrix H_A 36
   nichtnegative -   21
   Permutations -   42
   stochastische -   21
Mealy-Automat   96,161
minimal   41
Moore-Automat   96,161

Nachrichten-Übertragungsmodell   12,40
Nerode-Äquivalenz   168
nichtnegative Matrix   21

observabel   84,86
observable Erweiterung   91
Operator   139,140,142,144,145
Ottsches Problem   69

Parallelschaltung von Automaten   166
Partition   27,77
Pazsches Problem   70
Permutationsmatrix   42
Postsches Korrespondenzproblem   157
Produkt von Ereignissen   150

quasidefinit   118

Rang eines Operators   145
rationaler stochastischer Akzeptor   134
rationale Sprache   134
realisierbarer Operator   139

Rechtsableitung 133
reduziert 26,76,164
regulär 101,148,167

SA 18
SAkz 99
Satz von Kleene 169
 - von Nerode 168
 - von Rabin 112
 - von Turakainen 120
Schnittpunkt 101,111,126,131
schwacher Homomorphismus 83,84
sequentiell 19,162
σ-additiv 171
Spiegelung 105
Sprache 101,117,119,134,136,167
Stabilitätssatz 117
starker Homomorphismus 75
starkreduziert 56
stationär 175
Stichprobenraum 171
stochastische Matrix 21
stochastischer Akzeptor 99,116,118,134
stochastischer Automat 18,19,93,96,136
stochastischer Operator 140
stochastischer Prozeß 173
stochastisches Ereignis 148
stochastische Sprache 101
stochastische Variable 171
stochastisch-homomorph 66
synchron 19,162

überdecken 24,66
Überführungsmatrix 20
unbestimmter Operator 139,140
unbestimmtes Ereignis 148
unterscheidbar 24
unwesentlicher Zustand 103

VAkz 119
verallgemeinerter Akzeptor 119
verallgemeinertes Ereignis 159
verallgemeinerte Sprache 119
Verteilung 23,82,100
Verteilungsfunktion 172

Wahrscheinlichkeitsmaß 171
Wahrscheinlichkeitsraum 171
Wörter 161

Y-determiniert 92

Z-äquivalent 24,29
Z-determiniert 91
Zustand 3,103,119
Zustandsverteilung 23,82

Teubner Studienskripten

Frohne, Einführung in die Elektrotechnik. 3 Bände

1   Band 1 Grundlagen und Netzwerke
        127 Seiten. DM 4,80

2   Band 2 Elektrische und magnetische Felder
        ca. 130 Seiten. In Vorbereitung

3   Band 3 Wechselstrom
        197 Seiten. DM 6,80

5   Heinrich/Stucky, Programmierung mit ALGOL 60
        157 Seiten. DM 5,80

7   Vaske, Übertragungsverhalten elektrischer Netzwerke
         Frequenzgang und Übergangsfunktion
        158 Seiten. DM 5,80

8   Frohne, Elektrische Meßtechnik. 2 Bände
        je ca. 200 Seiten. In Vorbereitung

Teubner Studienskripten Lernprogramme

Neuman. Steuerungslehre
Ein Unterweisungsprogramm. 3 Bände

501   Band 1 Schaltalgebra (Boolesche Systeme)
        114 Seiten. DM 8,80

502   Band 2 Speicher. Optimierung
        150 Seiten. DM 9,80

503   Band 3 Code und Bausteingruppen
        120 Seiten. DM 8,80